电气控制入门：
变频器实战自学笔记

主　编　杨德印　袁方平　杨电功

参　编　张文生　杨永江

　　　　王永刚　崔　靖　王道川　贺国强

　　　　刘晋峰　杨盼红　卫秀峰　李运良

　　　　杨月红　任晓霞

机械工业出版社

CHINA MACHINE PRESS

本书面向电气控制入门的读者，以学以致用、基础知识和实践经验结合为宗旨，用通俗化的语言对变频器的知识进行讲述，将变频器的内外主电路、变频器对电动机的控制方式、变频器的功能参数及设置方法等知识予以介绍，并设立了"自学模块"，将重要的知识点和实践经验进行提炼，这个模块也鼓励读者在学习的同时记录下心得与笔记，以期对读者学习变频调速技术有所帮助。附录中还提供了诸多实用的信息技术资料。

本书可供工矿企业及农村机电运行维护人员阅读，也可供相关专业的大中专院校师生参考。

图书在版编目（CIP）数据

电气控制入门. 变频器实战自学笔记/杨德印　袁方平　杨电功主编. —北京：机械工业出版社，2019.9（2025.4 重印）
ISBN 978-7-111-63571-0

Ⅰ.①电…　Ⅱ.①杨…②袁…③杨…　Ⅲ.①变频器–基本知识　Ⅳ.①TM571.2②TN773

中国版本图书馆 CIP 数据核字（2019）第 185965 号

机械工业出版社（北京市百万庄大街 22 号　邮政编码 100037）
策划编辑：吕　潇　责任编辑：吕　潇
责任校对：肖　琳　封面设计：马精明
责任印制：单爱军
北京虎彩文化传播有限公司印刷
2025 年 4 月第 1 版第 3 次印刷
184mm×240mm · 14 印张 · 282 千字
标准书号：ISBN 978-7-111-63571-0
定价：59.00 元

电话服务　　　　　　　　　　网络服务

客服电话：010-88361066　　机　工　官　网：www.cmpbook.com
　　　　　010-88379833　　机　工　官　博：weibo.com/cmp1952
　　　　　010-68326294　　金　书　网：www.golden-book.com

　　机工教育服务网：www.cmpedu.com

前　言

本书面向电气控制入门的读者，以学以致用、基础知识和实践经验结合为宗旨，介绍了变频器的基本知识、控制原理与实践应用。

电动机的变频调速技术经过多年的推广普及，应用已经相当广泛，发挥了其节约电能、改进生产工艺、提高产品质量的巨大效益，培养造就了无数的专业技术人才。然而变频调速技术本身在不断地提高进步，应用变频器的技术人员队伍中又不断有新生力量进入。这些新生力量除了在学校掌握一定的专业知识外，在应用变频器的社会实践活动中，了解这一技术的重要途径可能就是阅读产品的使用手册或使用说明书。遗憾的是，这些技术资料都是基于专业工程师和熟练技术人员的水平编写的，有的产品说明书，尤其是国外品牌的变频器，往往用词过于专业，有些晦涩难懂。这些问题不会给专业工程师理解变频器说明书的内容造成困难，而对于新进入这一专业的人士来说可能就是障碍。本书针对这些问题，用通俗化的语言对变频器的知识进行讲述，将变频器的内外主电路、变频器对电动机的控制方式、变频器的功能参数及设置方法等知识均进行了详细的介绍。

本书结合编者多年的教学和培训经验，总结了学生存在疑问最多的知识点，特别设立了"自学模块"，将这些内容放在这个模块里进行了解释说明。俗话说"好记性不如烂笔头"，这个模块也鼓励读者在学习的同时记录下心得与笔记，以达到更好的学习效果。

本书分5章：

第1章介绍了变频器的基本结构与原理，包括变频器的内部主电路结构，外接主电路接线，变频器中使用的IGBT功能模块，变频器配套使用的电抗器、滤波器，以及变频器的功能参数等知识内容。

第2章主要介绍了变频器对异步电动机的控制方式，变频器的电磁兼容性，变频器的制动方式，变频器的PID控制，变频器的多段速运行，以及变频器故障的显示、诊断与维护等方面的知识内容。本章还介绍了低压变频器和高压变频器的应用实例。

第3章和第4章从变频器的应用实践出发，对变频器常用的功能及相关参数、应用技巧和操作技能进行剖析，试图帮助读者详尽地了解相关知识，解决应用实践中遇到的技术难题。特别是作为工程技术人员，在实战中对于一些相同内涵的名词术语，在不同的变频器中有不同的称谓，都需要准确理解和驾驭，这两章对这些内容都进行了较为详细的介绍。

第5章对变频器功能参数通过通俗化描述进行了介绍，使读者对变频器的功能参数了解地更准确、更细致。有些名称相同或相近的功能参数在不同的变频器中定义区别较大；

而有些定义与内涵相同的功能参数在几种变频器中却使用不同的参数名称。阅读本章内容可以将几种变频器的功能参数互相对比，举一反三，有利于正确地理解和设置功能参数。

本书还提供了内容丰富的附录，以便读者查阅。由于本书的技术信息来源广泛，原产品的图样资料使用了不同的图形符号和文字符号，考虑到读者维修某些设备时对照参考，所以保留了部分原有符号。

本书的姊妹篇《电气控制入门：电动机实战自学笔记》一书，对电动机起动控制使用的电器元件，一次主电路，二次控制保护电路，电动机的结构原理，高、低压电动机的各种起动控制方式及保护进行了较为详尽的介绍。感兴趣的朋友可以去阅读这本书。

本书由杨德印、袁方平、杨电功主编。参加本书编写的还有王永刚、崔靖、王道川、贺国强、刘晋峰、杨盼红、卫秀峰、李运良、杨月红、任晓霞、张文生、杨永江。

张文生、杨永江两位老师在本书的编写中起到了重要建设性作用，在此表示衷心的感谢。

本书可供工矿企业及农村机电运行维护人员阅读，也可供相关专业的大中专院校师生参考。

由于编者水平有限，书中难免有错误和不足之处，恳请读者批评指正。

编 者

2019 年 8 月

目　　录

第1章
认识变频器

Chapter **1**

在 20 世纪初期乃至其后的数十年时间里，直流调速一直统治着电气传动领域的电动机调速技术，但由于直流电动机使用换相器，使其维护工作量较大，而且它的单机容量和最高转速等技术性能在许多生产环境下都不能满足要求。于是从 20 世纪 30 年代开始，人们开始了交流调速技术的研究。直至 20 世纪 60 年代，电力电子技术开始快速发展，电力电子器件从 SCR（晶闸管）、GTO（门极可关断晶闸管）、BJT（双极型晶体管）、MOSFET（金属氧化物半导体场效应晶体管）、MCT（MOS 控制晶闸管），发展到后来的 IGBT（绝缘栅双极型晶体管）、HVIGBT（耐高压绝缘栅双极型晶体管），这一进程极大地促进了电力变换技术的发展。在电力电子元器件制造技术快速发展的同时，微电子技术，信息与控制等多个学科领域也成为变频技术发展的重要推动力。20 世纪 70 年代，脉宽调制变压变频（PWM—VVVF）调速的研究引起了人们的重视。20 世纪 80 年代，科研人员对作为变频技术核心的 PWM 模式优化问题做了进一步研究，得出诸多优化模式，其中以鞍形波 PWM 模式效果最佳。在此研究成果的基础上，美、日、英、德等发达国家的 VVVF 变频器在 20 世纪 80 年代后期开始投入市场，并逐渐得到广泛推广和应用。

我国的变频调速技术紧跟世界科技发展潮流，在 20 世纪 90 年代以后获得了突飞猛进的发展，各种通用、专用变频器纷纷面市，规格齐全，性能优异☑。目前功率可以做到几千千瓦，工作电压最高可达 10kV，基本可以满足我国各行各业对变频调速装置的不同需求。变频器在调整电动机转速满足生产工艺要求的同时，还有明显的节电作用，尤其是在风机、水泵类负载的应用中。风机/水泵类负载在使用中，一般都需要经常调整其风量/水量，传统的方法

☑ 我国变频调速技术应用的进程以势如破竹之势迅猛发展，从工农业生产、家用电器，到医疗设备、科研设备等领域无所不及。变频器内部的控制技术也在日新月异地快速进步。对电动机的控制电压也从 380V、660V，进而到控制高压电动机的 6kV、10kV。变频器还兼有软起动和软停机功能，可以节约软起动设备的投资，消除设备起动时的机械冲击，延长设备寿命和维修周期；降低起动电流，消除起动时对相邻设备的影响；降低起动时对供电容量的要求。因此，变频器的应用具有节约运行成本、节能减排等综合社会经济效益。

是采用机械式风闸门/水闸门进行调节，这会带来很大的功率损耗，使用变频器之后，可以直接通过改变电动机转速达到调节目的，有效地减少了机械闸门调节损耗，最佳效果可节能达30%左右，是国家重点推广的节能技术。变频器还兼有软起动和软停机功能，可以节约软起动设备的投资，消除设备起动时的机械冲击，延长设备寿命和维修周期；降低起动电流，消除起动时对相邻设备的影响；降低起动时对供电容量的要求。

1.1 变频器的分类

1.1.1 按工作电源的电压等级分类

变频器的工作电源分高压和低压两大类。高压变频器的电压等级有3kV、6kV和10kV等几种；低压变频器的电压等级有220V、380V、660V和1140V等几种。其中大部分变频器的输入和输出都是三相交流电，仅有少量的小功率变频器采用单相输入、三相输出的形式。

上述低压变频器的电压规格中，任意相邻两种电压规格的数值关系都是相差$\sqrt{3}$或$1/\sqrt{3}$倍。

1.1.2 按直流电源的性质分类

1. 电压型变频器

电压型变频器的中间直流环节采用大电容器滤波，在波峰（电压较高）时，电容器储存电场能；波谷（电压较低）时，电容器释放电场能进行补充，从而使直流环节的电压比较平稳，内阻较小，相当于电压源，常应用于负载电压变化较大的场合。其电路结构如图1-1所示。

2. 电流型变频器

电流型变频器的中间直流环节采用电抗器作为储能元件进行滤波。在波峰（电流较大）时，电抗器储存磁场能；波谷（电流较小）时，电抗器释放磁场能进行补充，从而使直流电流保持平稳。由于这种直流环节内阻较大，有近似电流源的特性，故将采用这种直流环节的变频器称做电流型变频器。常应用于负载电流变化较大的场合。其电路结构如图1-2所示。

电抗器在变频器产品中为可选件，按用途可分为输入电抗器和输出电抗器，在实际使用中还起到滤波的作用。

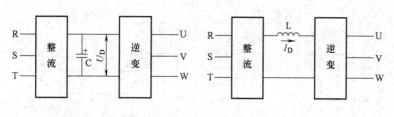

图1-1　电压型　　　　　　　图1-2　电流型

1.1.3　按电压的调制方式分类

1. 脉宽调制（SPWM）变频器

脉宽调制（SPWM）变频器电压的大小是通过调节脉冲占空比来实现的。中、小容量的通用变频器几乎全部采用这种调制方式。

2. 脉幅调制（PAM）变频器

脉幅调制（PAM）变频器电压的大小是通过调节直流电压的幅值来实现的。

1.1.4　按电能变换的方式分类

1. 交-直-交变频器

交-直-交变频器先把工频交流电通过整流器变换成直流电，然后再把直流电变换成频率、电压可调的交流电。

2. 交-交变频器

交-交变频器中不设置整流器，它将工频交流电直接变换成频率、电压可调的交流电，所以又称直接式变频器。

1.2　变频器的内部主电路

1.2.1　内部主电路结构

采用"交-直-交"结构的低压变频器，其内部主电路由整流和逆变两大部分组成，如图1-3所示。从 R、S、T 端输入的三相交流电，经三相整流桥（由二极管 VD1～VD6 构成）整流成直流电，电压为 U_D。电容器 C1 和 C2 是滤波电容器。6 个 IGBT（绝缘栅双极性晶体管）V1～V6 构成三相逆变桥，把直流电逆变成频率和电压任意可调的三相交流电。

1.2.2　均压电阻和限流电阻

在图1-3中，滤波电容器 C1 和 C2 两端各并联了一个电阻，是

交-直-

交变频器是当前应用较为广泛的变频器。与交-交变频器相比，其控制原理相对简单，制作成本较低。

输出端的逆变电路使用6个 IGBT V1～V6 将直流电逆变为电压和频率均可调的交流电，用以驱动电动机。

由三相整流桥和输出逆变电路之间接有的电容滤波电路、并联在滤波电容器两端的均压电阻 R1 和 R2（保证每只滤波电容器承受的电压基本相等），以及用于防止通电瞬间较大充电电流的限流电阻 R；这部分电路将正弦交流电压转换为直流电压。

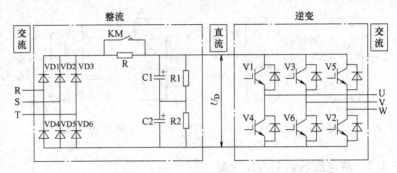

图1-3 变频器内部主电路

为了使两只电容器上的电压基本相等，防止电容器在工作中损坏〔目前，由于技术的进步，低压（380V）变频器的电解电容大多数不需要串联使用了〕。在整流桥和滤波电容器之间接有一个电阻R和一对接触器触点KM，其缘由是：变频器刚接通电源时，滤波电容器上的电压为0V，而电源电压为380V时的整流电压峰值是537V，这样在接通电源的瞬间将有很大的充电冲击电流，有可能损坏整流二极管；另外，端电压为0的滤波电容器会使整流电压瞬间降低至0V，形成对电源网络的干扰。为了解决上述问题，在整流桥和滤波电容器之间接入一个限流电阻R，可将滤波电容器的充电电流限制在一个允许范围内。但是，如果限流电阻R始终接在电路内，其电压降将影响变频器的输出电压，也会降低变频器的电能转换效率，因此，滤波电容器充电完毕后，由接触器KM将限流电阻R短接，使之退出运行。

1.2.3 主电路的对外连接端子

各种变频器主电路的对外连接端子大致相同，如图1-4所示。其中，R、S、T是变频器的电源端子，接至交流三相电源；U、V、W为变频器的输出端子，接至电动机；P＋是整流桥输出的＋端，出厂时P＋端与P端之间用一块截面积足够

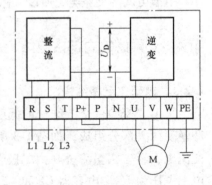

图1-4 主电路对外连接端子

大的铜片短接，当需要接入直流电抗器DL时，拆去铜片，将DL接在P＋和P之间；P、N是滤波后直流电路的＋、－端子，可以连接制动单元和制动电阻；PE是接地端子。

（侧栏）

变频器主电路的对外连接端子中有一个可能不被引起注意的PE端子，该端子的物理尺寸与变频器的电源输入端子、输出端子相同，说明书中还强调须用足够截面积、长度尽量短的铜芯导线直接连接到专用的接地极上。这是因为变频器是一个容易产生谐波、也容易受到谐波干扰而不能正常工作的设备，只有经过良好接地、并规范地进行布线，才能保证变频器的正常工作。因此，将PE端子良好地与专用接地极进行连接是保证变频器正常工作的重要技术措施。

1.2.4　变频系统的共用直流母线

电动机在制动状态时，变频器从电动机吸收的能量都会保存在变频器直流环节的电解电容中，并导致变频器中的直流母线电压升高。如果变频器配备了制动单元和制动电阻（这两种元件属于选配件），变频器就可以通过短时间接通电阻，使再生电能以热方式消耗掉，这称为能耗制动。当然，采取再生能量回馈方案也可解决变频调速系统的再生能量问题，并可达到节约能源的目的。而标准通用 PWM 变频器没有设计使再生能量反馈到三相电源的功能。如果将多台变频器的直流环节通过共用直流母线互连，则一台或多台电动机产生的再生能量就可以被其他电动机以电动的方式消耗吸收。或者，在直流母线上设置一组一定容量的制动单元和制动电阻，用以吸收不能被电动状态电动机吸收的再生能量。若使用共用直流母线与能量回馈单元的组合，就可以将直流母线上的多余能量直接反馈到电网中来，从而提高系统的节能效果。综上所述，在具有多台电动机的变频调速系统中，选用共用直流母线方案，配置一组制动单元、制动电阻和能量回馈单元，是一种提高系统性能并节约投资的较好方案✍。

图 1-5 所示为应用比较广泛的共用直流母线方案，该方案包括以下几个部分：

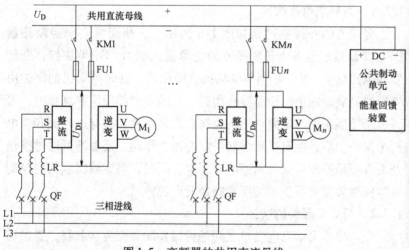

图 1-5　变频器的共用直流母线

1. 三相交流电源进线

各变频器的电源输入端并联于同一交流母线上，并保证各变频

✍ 变频系统的共用直流母线可以将处于发电状态电动机发出的电能通过共用直流母线提供给处于电动状态的电动机使用。这将会提高电能的利用率，减小或省却制动单元和制动电阻的容量或规格，所以具有一定经济效益。

器的输入端电源相位一致。在图 1-5 中，断路器 QF 是每台变频器的进线保护装置，LR 是进线电抗器。

2. 直流母线

KM 是变频器的直流环节与共用直流母线连接的控制开关。FU 是半导体快速熔断器，其额定电压可选为直流 700V，额定电流必须考虑驱动电动机在电动或制动时的最大电流，一般情况下，可以选择额定负载电流的 125%。

3. 共用制动单元和（或）能量回馈装置

回馈到共用直流母线上的再生能量，在不能完全被吸收的情况下，可通过共用的制动电阻消耗未被吸收的再生能量。若采用能量回馈装置，则这部分再生能量将被回馈到电网中，从而提高节能的效率。

4. 控制单元

各变频器根据控制单元的指令，通过 KM 将其直流环节并联到共用直流母线上，或是在变频器故障后快速地与共用直流母线断开。

1.3 变频器的外接主电路

1.3.1 外接主电路结构

变频器的外接主电路如图 1-6 所示。三相交流电源经断路器 QF、交流接触器 KM 与变频器的电源输入端 R、S、T 连接；变频器的输出端 U、V、W 则与电动机直接相连，这时电动机的保护由变频器完成。这里的断路器作用有：一是变频器停用或维修时，可通过断路器切断与电源之间的连接；二是断路器具有过电流和欠电压等保护功能，可对变频器起一定的保护作用。接触器可通过按钮开关方便地控制变频器的通电与断电，同时，当变频器或相关控制电路发生故障时可自动切断变频器的电源。

1.3.2 相关元器件的选择

变频器输出端与电动机之间是否需要配置交流接触器，要根据具体的应用环境来确定。一般情况下，一台变频器控制一台电动机，且不要求与工频进行切换时，变频器与电动机之间不要使用接触器，如图 1-6 所示。当一台变频器驱动多台电动机时，则每台电

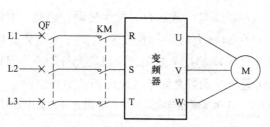

图 1-6　变频器的外接主电路

动机必须有单独控制的接触器，并应选择配合适的热继电器 FR 对电动机进行保护，具体电路如图 1-7 所示。有时虽然一台变频器仅驱动一台电动机，但有可能在变频与工频之间切换运行，这时也应在变频器与电动机之间配置接触器 KM3 和热继电器 FR，如图 1-8 所示。接触器 KM3 在电动机工频运行时用于切断变频器输出端与电源之间的连接；热继电器 FR 可在工频运行时对电动机进行保护。

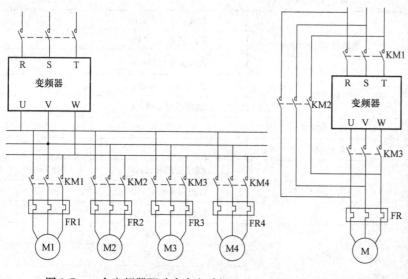

图 1-7　一台变频器驱动多台电动机　　　图 1-8　变频与工频切换

1.3.3　变频器与电动机之间的允许距离

变频器的输出电压宣称是正弦交流电，而实际上输出的是电压脉冲序列，其频率等于载波频率，为几 kHz～20kHz，幅值等于直流回路电压平均值。当变频器与电动机之间的连接线很长时，导线的分布电感和线间分布电容的作用将不可忽视，线间分布电容与电动机的漏磁电感之间有可能因接近于谐振点而导致电动机的输入电变频器与电动机之间的导线长度是有一定限制的，究其原因，因为变频器输送给电动机的是电压脉冲序列，高频率的脉冲序列经过导线或电缆的分布电容（寄生电容）时会产生较大的容性电流，导致过电流保护动作，因此，各变频器产品的说明书中都规定了从变频器到电动机之间的导线最大允许长度。

 通过参数设置，将变频器的载波频率降低，可以适当延长从变频器到电动机之间的导线长度。另外，加接输出电抗器后也可适当延长导线长度。

压偏高，使电动机损坏，或运行时发生振动。因此，变频器与电动机之间的允许距离（允许导线长度）受到了限制。由于各种变频器内部采用了不同的技术方案，所以其允许距离也有区别。表1-1是几种变频器与电动机之间导线允许长度的规定值。

表1-1 几种变频器与电动机之间导线允许长度规定值

变频器型号	相 关 条 件	规定距离/m
施耐德 ATV31H		50
森兰 SB12	载波频率≤9kHz	<50
	载波频率≤7kHz	<100
	载波频率≤3kHz	≥100
博世力士乐 CVF-G3		≤30
富士 G11S	P_N≤3.7kW	<50
	P_N>3.7kW	<100
艾默生 TD3000		≤100
英威腾 INVT-G9	载波频率≤5 kHz	≒100
	载波频率≤10kHz	<100
	载波频率≤15kHz	<100
格立特	载波频率<4kHz	≤50
	载波频率≥4kHz	<50
日立 SJ300		<20
三菱 FR-S540E		<100
安川 CIMR-G7	载波频率≤5kHz	≤100
	载波频率≤10kHz	<100
	载波频率≤15kHz	<50
瓦萨 CX	P_N≤1.1kW	≤50
	P_N=1.5kW	≤100
	P_N≥2.2kW	≤200
德力西 CDI9100	载波频率≤3kHz	>100
	载波频率≤5kHz	≤100
	载波频率≤10kHz	≤50

1.4 变频器中的 IGBT 及其功能模块

变频器的应用技术及维修等方面的内容在电子类报刊上已有较

多介绍，这对变频器技术的快速推广与普及发挥了重要的积极作用。随着国家大中专、高职、中职教育普及程度的提高，很多接受过专业教育的大中专毕业生走进了工厂企业，充实了企业的电气运行人员队伍，使这支队伍的素质有了大幅度提高。这些高素质的电气运行人员希望在掌握上述常规知识技术的基础上，进一步学习变频器内部电路的结构形式、元器件特点，以便更好地驾驭这款高科技产品，创造出更好更强的社会经济效益。

1.4.1 IGBT 简介

1. IGBT 的技术特点

GTO（门极关断晶闸管）和 GTR（电力晶体管）是电流驱动器件，具有很强的通流能力，但它们的开关速度较慢，所需驱动功率大，驱动电路复杂。电力 MOSFET（金属氧化物半导体场效应晶体管）是单极型电压驱动器件，它的开关速度快，输入阻抗高，热稳定性好，所需驱动功率小，驱动电路简单，但是随着耐压的提高，其单位面积处理电流的能力下降严重。因此这两种器件各有其优缺点。

IGBT（绝缘栅双极型晶体管）综合了 GTR 与 MOSFET 的优点，是以达林顿结构组成的一种新型电力电子器件。其主体部分与晶体管相同，有集电极 C 和发射极 E，具有通流电流大，驱动功率小，驱动电路简单，开关速度快等良好的特性，自从 20 世纪 80 年代投入市场以来，其应用领域迅速扩展，目前已经取代 GTR 和 GTO，成为大、中功率电力电子设备的主导器件。该器件的工作电压和电流容量也在逐渐提高。

IGBT 是 GTR 和 MOSFET 相结合的一种新器件，它的输入端和场效应晶体管相同，是绝缘栅结构，图 1-9 所示为 IGBT 的内部等效电路及图形符号。

2. IGBT 的技术参数

IGBT 的主要技术参数如下：

1）集电极最大允许电流 I_{CM}：IGBT 在饱和导通状态下，允许持续通过的最大电流。

2）栅极驱动电压 U_{GE}：施加在栅极与发射极之间的电压。在变频器应用电路中，使 IGBT 饱和导通的 U_{GE} 为 12 ~ 20V，而当

IGBT 具有通流电流大，驱动功率小，驱动电路简单，开关速度快等良好的特点，现已经成为变频器逆变电路的主流元器件。

IGBT 的技术参数是变频器运行与维修人员应该掌握的重要技术信息，掌握这些技术信息会对工作带来极大帮助。

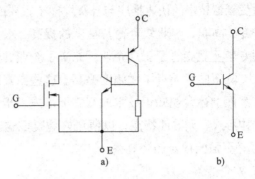

图 1-9　IGBT 内部等效电路及图形符号

a）等效电路　b）图形符号

IGBT截止时，U_{GE} 为 $-15 \sim -5V$。

3）集电极-发射极额定电压 U_{CEX}：IGBT 的栅极-发射极短路、管子处在截止状态下集电极与发射极之间能承受的最大电压。

4）开通时间与关断时间：电流从 $10\% I_{CM}$ 上升到 $90\% I_{CM}$ 所需要的时间，称为开通时间，用 t_{ON} 表示；电流从 $90\% I_{CM}$ 下降到 $10\% I_{CM}$ 所需要的时间，称为关断时间，用 t_{OFF} 表示。I_{CM} 是 IGBT 集电极最大允许电流值。

5）集电极-发射极饱和电压 U_{CES}：IGBT 在饱和导通状态下，集电极与发射极之间的电压降。

6）漏电流 I_{CEO}：IGBT 在截止状态下的集电极电流。

3. IGBT 的使用注意事项

随着电子技术及计算机控制技术的发展，IGBT 正日益广泛地应用于小体积、低噪声、高性能的电源，通用变频器和电机控制，伺服控制，不间断电源（UPS）等场合。IGBT 在使用过程中，应注意如下问题：

1）一般 IGBT 的驱动级正向驱动电压 U_{GE} 应保持在 $15 \sim 20V$，这样可使 IGBT 的饱和电压较小，损耗降低，避免损坏管子。

2）关断 IGBT 的栅极驱动电压 $-U_{GE}$ 应大于 $5V$，若这个负电压值太小，集电极电压变化率 du/dt 可能使管子误导通或不能关断。

3）栅极和驱动信号之间应加一个栅极驱动电阻 R_G，该电阻的阻值与管子的额定电流有关，可以在 IGBT 使用手册中查到。如果

虽然在变频器中使用 IGBT 时的注意事项应是设计人员考虑的问题，但运行维护人员如数家珍似地知晓这些知识，必然会对变频器的正常运行提供巨大帮助。

不加这个电阻，管子导通瞬间，可能产生电流和电压颤动，增加开关损耗。

4）设备短路时，I_C电流会急剧增加，使U_{GE}产生一个尖脉冲，这个尖脉冲会进一步增加I_C电流，形成正反馈。为了保护 IGBT，可在栅极－发射极间加一个稳压二极管，钳制 GE 电压突然上升。当驱动电压为 15V 时，稳压管的稳压值可以为 16V。

1.4.2 变频器中的模块逆变电路

在变频器中，由 IGBT 以及相应的驱动控制、保护电路构成完整的逆变电路，实现将直流电逆变为交流电的功能。逆变电路可以由分立元器件或具有各种功能的模块电路构成。随着技术的发展和进步，分立元器件构成的逆变电路已经退出历史舞台。

1. IGBT 模块

在变频器的应用电路中，通常在 IGBT 的旁边反向并联一个二极管，而且经常做成模块式，图 1-10 所示就是各种结构的 IGBT 模块。

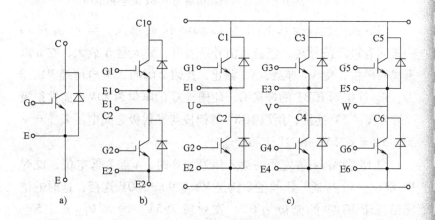

图 1-10 几种结构的 IGBT 模块

a）单管模块 b）双管模块 c）六管模块

2. 富士 EXB 系列 IGBT 驱动模块及其应用

富士 EXB 系列 IGBT 驱动模块是目前国内市场应用较多的驱动模块，该系列中的一款驱动模块与 IGBT 的连接电路如图 1-11 所示，图中方框内的电路就是 EXB 驱动模块，方框边线上的数字是模块的引脚编号。模块的 2 脚和 9 脚是 20V 的工作电源，2

在变频器中，逆变管通常使用的是模块式的 IGBT，最简单的模块便是在 IGBT 的旁边反向并联一个二极管，构成单管模块；也有双管模块和六管模块，见图 1-10。

除了 IGBT 模块外，还有 IGBT 模块的驱动模块。两者的电路连接关系可参见图 1-11。

脚为正；3 脚是模块的驱动输出端，在模块内连接由晶体管 V1、V2 组成的推挽电路的中点，对外经栅极电阻 R_G 连接 IGBT 的栅极；在 2 脚和 9 脚之间，电阻 R1 和稳压管 VS 稳压一个 5V 电压，经模块 1 脚与 IGBT 的发射极连接；模块的 6 脚与 IGBT 的集电极连接，用于过电流保护。

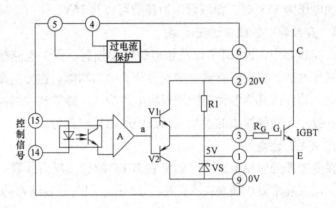

图 1-11　富士 EXB 系列驱动模块与 IGBT 的连接电路

CPU 的控制信号从 EXB 的 15 脚和 14 脚输入。当 15 脚和 14 脚之间有输入信号时，该输入信号经隔离、放大器 A 放大，在 a 点形成高电位，使 V1 导通，V2 截止，此时 2 脚的 20V 电压经 V1、3 脚、R_G 连接到 IGBT 的栅极 G，使栅极 G 的电位为 20V，而发射极 E 与 1 脚的 5V 连接，所以 IGBT 的栅极与发射极之间电压 U_{GE} = + 20V-5V = +15V，IGBT 饱和导通。

当 15 脚和 14 脚之间的输入信号为 0 时，a 点为低电位，此时 V1 截止，V2 导通，模块的 3 脚经 V2 与 9 脚的 0V 连接，这时的情况相当于 IGBT 的栅极为 0V，发射极为 5V，因此 U_{GE} = − 5V。IGBT截止。

以上过程实现了驱动模块对 IGBT 的驱动控制。

3. IGBT 的栅极电阻 R_G

在图 1-11 中，IGBT 的栅极接有一个电阻 R_G，这个电阻的选择非常重要，这是因为 IGBT 的栅极 G 和发射极 E 之间存在着寄生的结电容 C_{GE}，其充放电将影响到 IGBT 的工作。R_G 阻值大，将延长 IGBT 的开通和关断时间；R_G 阻值太小，IGBT 关断太快，将使 IGBT 的 C、E 极电压迅速从饱和导通状态时的低于 3V 上升到为

500V 以上，这将通过集电极和栅极之间的结电容电压 U_{CG} 产生反馈电流 i_{CG}，对 IGBT 的关断起到阻碍作用，甚至发生误导通。因此，栅极电阻 R_G 的连接必须的。

栅极电阻的大小应严格按照 IGBT 的说明书选取。

4. 驱动模块输出信号的放大

IGBT 是电压控制型器件，其栅极与发射极之间的输入阻抗很大，吸收信号源的电流和消耗的驱动功率很小，但由于栅极 G 与发射极 E 之间存在着结电容 C_{GE}，在驱动信号作用下，也会吸收电流。容量越大的 IGBT，C_{GE} 也越大，吸收的电流也越大，而驱动模块输出电流有时不足 20mA，甚至只有几毫安，所以在大容量变频器中使用 IGBT 时，驱动模块输出的驱动信号需要进行放大，如图 1-12 所示。

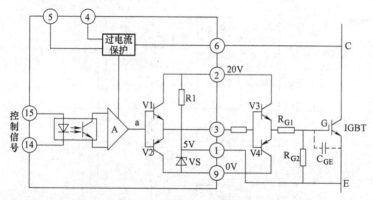

图 1-12　驱动模块输出驱动信号的放大电路

在图 1-12 中，驱动模块输出端 3 脚与 IGBT 栅极之间接入了由 V3 和 V4 组成的推挽放大电路，将驱动信号进行再次放大，从而满足大容量 IGBT 的驱动需求。

5. 智能电力模块（IPM）

智能电力模块（IPM）是电力集成电路的一种，有时也称为智能电力集成电路（SPIC）。

电力电子器件和配套的控制电路，过去都是分立元器件的电路装置，而今随着半导体技术及其相应工艺技术的成熟，已经可以将电力电子器件及其配套的控制电路集成在一个芯片上，形成所谓的电力集成电路。这种电路能集成电力电子器件、有源或无源器件、完整的控制电路、检测与保护电路。

栅极电阻的大小应严格按照 IGBT 的说明书选取，正确选择该电阻的阻值，可以保证 IGBT 始终处于正常工作状态。

由于电力集成电路结构紧凑、集成化程度高，从而避免了分布参数、保护延迟等一系列技术问题。

下面介绍变频器中较常用的以 IGBT 为主开关器件的 IPM。目前几十千瓦以下的变频器已经开始采用这种集成度高、功能强大的器件 IPM。富士公司 R 系列 IPM 的型号含义如图 1-13 所示。

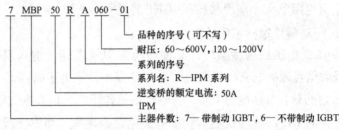

图 1-13　富士智能电力模块 IPM 型号含义

图 1-14 所示为富士 7MBP100RA060 智能电力模块的内部结构图，模块内部包含 7 个 IGBT 和 7 个功率二极管。

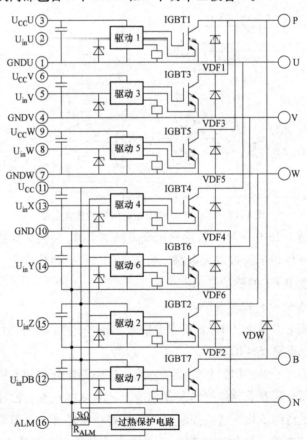

图 1-14　富士 7MBP100RA060 智能电力模块内部结构图

图 1-14 的电路是一种在变频器中应用较多的智能电力模块的内部结构，其中 IGBT1～IGBT6 构成三相逆变桥，VDF1～VDF6 是与 6 个 IGBT 反向并联的回馈二极管。动力制动由 IGBT7 作为开关管，VDW 是它的续流二极管。

模块的 16 脚 ALM 端是报警信号输出端，可对模块的短路、控制电源欠电压、IGBT 及 VDF 过电流、VDW 过电流、IGBT 芯片过热、外壳过热等各种运行异常实施保护，当 ALM 端有报警信号输出时，IGBT 的电流通路被封锁，IPM 受到保护。

由于 IPM 内部的驱动电路是专门针对内部的 IGBT 设计的，因此具有最佳的驱动条件。IPM 还内置制动电路，即由 IGBT7 等电路组成，只要在外电路端子 P 与 B 之间接入制动电阻，就能实现制动。

富士 7MBP100RA060 智能电力模块的接线端子使用的符号及其含义见表 1-2。

使用 IPM 模块构成的变频器应用系统如图 1-15 所示。图中方框内是 IPM 模块，模块内的电路见图 1-14。模块 IPM 右侧画出的是连接电动机、制动电阻的电路，以及整流滤波电路。制动电阻连接在端子 P 与 B 之间。模块左侧连接的是控制信号电路和报警输出电路。

表 1-2　富士 7MBP100RA060 智能电力模块的接线端子符号及其含义

端子编号	端子符号	端 子 含 义
	P,N	变频器整流滤波后的主电源 U_d 输入端，P：+端；N：−端
	B	制动输出端子，减速时用以释放再生能量
	U,V,W	变频器三相输出端
1	GNDU	上桥臂 U 相驱动电源 U_{CC} 输入端
3	$U_{CC}U$	$U_{CC}U$：+端；GNDU：−端
4	GNDV	上桥臂 V 相驱动电源 U_{CC} 输入端
6	$U_{CC}V$	$U_{CC}V$：+端；GNDV：−端
7	GNDW	上桥臂 W 相驱动电源 U_{CC} 输入端
9	$U_{CC}W$	$U_{CC}W$：+端；GNDW：−端
10	GND	下桥臂共用驱动电源 U_{CC} 输入端
11	U_{CC}	U_{CC}：+端；GND：−端
2	$U_{in}U$	上桥臂 U 相控制信号输入端
5	$U_{in}V$	上桥臂 V 相控制信号输入端
8	$U_{in}W$	上桥臂 W 相控制信号输入端
13	$U_{in}X$	下桥臂 X 相控制信号输入端
14	$U_{in}Y$	下桥臂 Y 相控制信号输入端
15	$U_{in}Z$	下桥臂 Z 相控制信号输入端
12	$U_{in}DB$	下桥臂制动单元控制信号输入端
16	ALM	保护电路动作时的输出控制信号

图 1-15　IPM 模块在变频器中的应用电路

　　图 1-15 中的应用系统使用 4 组相互绝缘的控制电源，即 $U_{CC}1$、$U_{CC}2$、$U_{CC}3$ 和 $U_{CC}4$。其中逆变桥的上桥臂使用 3 组，下桥臂和制动单元共用 1 组。这 4 组控制电源还必须与主电源之间具有良好地绝缘。

　　下桥臂控制电源的 GND 和主电源的 GND 已经在 IPM 内连接好，在 IPM 外部绝对不允许再连接，否则将会产生环流，引起 IPM 的误动作，甚至可能破坏 IPM 的输入电路。

1.5　变频器配套使用的电抗器、滤波器

　　变频器配套使用的电抗器，通常是由变频器生产厂商或其他生产厂商生产的专用配套产品，它是变频器产品的选购件。所谓变频器选购件，就是变频器正常销售出厂时并不一定向用户提供

　　📝 由图 1-15 可见，控制电源 $U_{CC}4$ 的正极接到智能电力模块的⑪脚，负极接到智能电力模块的⑩脚，在与模块⑫～⑯脚相连接的电路中均使用 $U_{CC}4$ 供电。

的配件，即标配以外的器件█。标配包括可以独立运行的变频器整机、变频器说明书、变频器合格证、包装箱以及一些必要的专用工具等。这些作为选购件的电抗器在变频器运行现场应用很多，可以解决一些运行现场的复杂技术问题。当然有些运行现场可以不使用电抗器。

1.5.1　三相输入电抗器

将三相输入电抗器 L 接在电源和变频器之间█，如图 1-16 所示，能限制电网电压突变和操作电压引起的电流冲击，有效地保护变频器并能够改善变频器的功率因数，抑制变频器输入电网的谐波电流。三相输入电抗器的外形如图 1-17 所示。

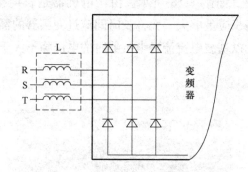

图 1-16　变频器接入三相输入电抗器

图 1-17　三相输入电抗器

一般出现如下情况时应使用三相输入电抗器：

1）一条电源供电线路上有多台变频器同时运行，这时变频器相互之间会有明显的干扰。为了滤除或减轻这种干扰，可使用三相输入电抗器。

2）电源相间电压不平衡度超过额定电压的1.8%。

3）给变频器提供电源的变压器容量较大，数值达到变频器容量的10倍以上。

4）其他应该使用输入电抗器的情况。

1.5.2 三相输出电抗器

与输入电抗器一样，三相输出电抗器的结构也是在三相铁心上绕制三相线圈，如图1-18所示。由于电抗器是长期接入电路的，所以导线截面积应足够大，允许长时间流过变频器的额定电流。电抗器的电感量以基波电流流经电抗器时的电压降不大于额定电压的3%为宜。

图1-18　三相输出电抗器

如果电动机与变频器之间的距离无法减小到规定的数值以内，可以采取在变频器输出侧接入输出电抗器的方法，如图1-19所示。这时可以适当延长电动机与变频器之间的距离。输出电抗器可以补偿长线分布电容的影响，并能抑制输出谐波电流，提高输出高频阻抗，有效抑制 dv/dt 减低高频漏电流，起到保护变频器，减

由于变频器实际上输出的是电压脉冲序列，其频率等于载波频率，为几 kHz ~20kHz，当变频器与电动机之间的连接线很长时，导线的分布电感和线间分布电容的作用将不可忽视，线间分布电容与电动机的漏磁电感之间有可能因接近于谐振点而导致电动机的输入电压偏高，使电动机损坏，或运行时发生振动。因此，变频器与电动机之间的允许导线长度受到了限制。

小设备噪声的作用。

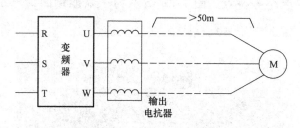

图 1-19　输出电抗器的连接

1.5.3　直流电抗器

　　直流电抗器又称平波电抗器，主要用于变流器的直流侧，将叠加在直流电流上的交流分量限定在某一规定值，保持整流电流连续性，减小电流脉动值，改善输入功率因数。一种直流电抗器的外形如图 1-20 所示。图 1-21 所示为接入变频器电路中的直流电抗器。

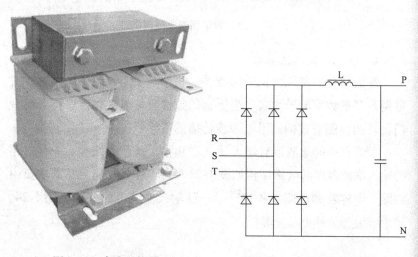

图 1-20　直流电抗器　　　　图 1-21　直流电抗器接入

1.5.4　能量回馈电抗器

　　经常工作在发电状态的变频调速系统中，为更好地实现节能，把这部分能量进行并网或直接通过变频器直流母线被其他变频器负载吸收利用，在此过程中电抗器主要起到滤波、降压、防止涌流冲击以及最大限度输出正弦波电压和电流的作用，一般用在电梯、港口吊机、煤矿井架等负载可能具有位能的场合，能量回馈电抗器采

　直流电抗器

在变频器中对整流后的直流电流起到平滑滤波的作用。如图 1-20 那样，有两个接线端，在变频器中，连接在三相整流桥和滤波电容器之间，如图 1-21 所示。由于体积较大，通常安装在变频器的壳体之外。

　　安装在变频器壳体之外的直流电抗器 L 与变频器的一次回路接线端子的连接关系可参见下图。端子 P+ 和 P 之间不连接直流电抗器时，用截面积足够大的铜排短路，连接直流电抗器时，拆除铜排，外接直流电抗器。

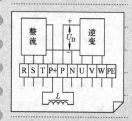

用优质冷轧硅刚片和高温导线制作，具有耐动热稳定能力强，电感稳定、噪声小等特点。图 1-22 所示为一款能量回馈电抗器的外形图。

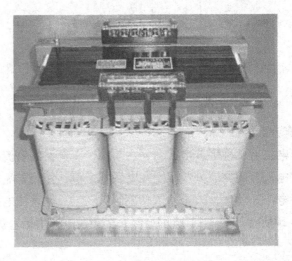

图 1-22　能量回馈电抗器

1.5.5　输入、输出滤波器

滤波器是一种无源低通滤波器，它是基于变频器在工作时，对电网及其他数字电子设备产生干扰的频谱分量电磁兼容性特点而专门设计的，能有效抑制沿电源线传播的传导干扰。

变频器中的滤波器有输入滤波器和输出滤波器两种。一种常用的输入滤波器内部电路结构如图 1-23 所示。由图中可见，其主要由线圈、电容器和电阻等构成。一种输入滤波器的外形见图 1-24。输出滤波器的外形与此类似。

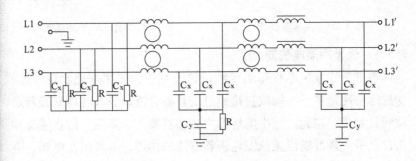

图 1-23　输入滤波器内部电路结构

 输入滤波器内部电路结构主要由线圈、电容器和电阻等元件构成，它连接在电源和输入电抗器（如果有的话）之间，或者电源与三相整流桥（没有输入电抗器时）之间。这里的谐波电流是由于二极管整流电路、电容充电电路形成的，电源对变频器的输入电流实际上就是电容器的充电电流，此处的谐波频率略低，因此，绕制输入滤波器线圈的圈数应稍多于输出滤波器。

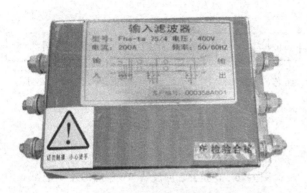

图1-24 输入滤波器外形

输出滤波器与输入滤波器有一定的区别：一是线圈的匝数不同，输入滤波器线圈的匝数稍多，这是由于输出电流中的高次谐波分量频率较高，等于载波频率；输入端的谐波是由于二极管整流电路、电容充电电路形成的，电源对变频器的输入电流实际上就是电容器的充电电流，这里的谐波频率略低，因此，绕制输入滤波器线圈的圈数稍多于输出滤波器。两者之间的第二个区别是电路结构不同，各滤波器生产厂商都会在滤波线圈两端加接电容器，但在输出滤波器的电路结构中，靠近变频器的一侧不允许有电容器，在电动机一侧连接的电容器应该串入限流电阻。输出滤波器的内部电路如图1-25所示。

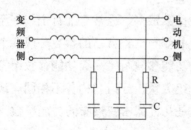

图1-25 输出滤波器的内部电路结构图

输入电抗器、输入滤波器、直流电抗器、变频器、输出滤波器、输出电抗器以及与电动机之间的连接关系如图1-26所示。当然对于一个具体的变频器应用系统来说，不一定要把不同功能的电抗器、滤波器都接入电路，应视实际需求来选择安装使用。

輸出滤波器连接在变频器输出端与输出电抗器（如果有的话）之间，或者连接在变频器输出端与电动机之间（没有输出电抗器时）。与输入滤波器的区别是，由于输出电流中的高次谐波分量频率较高，等于载波频率，因此，绕制输出滤波器线圈的圈数应稍少于输入滤波器。

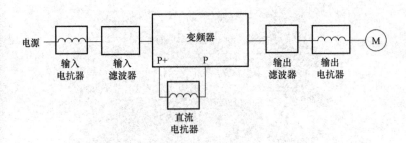

图 1-26 电抗器、滤波器与变频器的连接关系

1.6 变频器的功能参数

1.6.1 功能参数设置的意义

变频器通常选用 16 位或 32 位单片机作为主控芯片，所以必须要有合理的硬件电路，以及性能优异的控制程序软件。变频器应用时必须事先根据项目要求进行功能参数设置，例如，富士 G11S 型变频器的功能参数 F01，其名称是"频率设定"，即由谁来决定变频器运行的频率。变频器给出了 0 ~ 11 共 12 种选择，根据设计和运行要求，选择 0 ~ 11 中的一个数字，即选择了变频器输出频率变化的依据。这种对变频器功能参数进行赋值选择的过程，就是对变频器功能参数的设置。

变频器的功能参数很多，通常有上百个，甚至几百个。为了调试和设置方便，有的变频器将自己的参数分成几个组，例如，基本功能参数组，辅助功能参数组，高级功能参数组等。每种变频器的参数分组方法、分组数量、分组名称各不相同。详细情况可查阅产品说明书。表 1-3 是几种低压变频器的功能参数代码表。

表 1-3   几种低压变频器的功能参数代码表

功能参数类别	变频器型号					
	博世力士乐 CVF-G3	英威腾 INVT-G9	普传 PI7100	德力西 CDI9100	森兰 SB12	富士 G11S
频率给定方式	b-1 ~ b-2	2-00	F04	P00.01	F01	F01
最大频率		1-00	F13	P00.04	F04	F03
频率给定线的调整功能	L-49 ~ 50	4-00 ~ 03				F17 ~ 18

（续）

功能参数类别	变频器型号					
	博世力士乐 CVF-G3	英威腾 INVT-G9	普传 PI7100	德力西 CDI9100	森兰 SB12	富士 G11S
模拟量给定的 滤波时间	L-55	4-04	o00 o03		F23	C33
点动频率	L-15		F31	P01.20		C20
频率的上限	L-3	1-00	F17	P00.14	F12	F15
频率的下限	L-4	1-10	F16	P00.15	F13	F16
回避频率	H-36～41	9-00～03	F37～39	P01.29～32	F14～17	C01～04
载波频率	L-57	2-02	F15	P03.01	F24	F26～27
控制方式选择	L-0	1-01			F02	F42
最大输出电压		1-03			F06	F06
基本频率		1-02	F14		F05	F04
U/f 比的选择	L-1～2	1-04～07	F67			F09
自动转矩补偿		9-05	F07	P03.05	F07	F09 （=0.0）
节能运行	H-3	9-06	F57	P03.00		H10
转差补偿	H-0		F11	P01.16		P09
电动机额定 参数设定		1-08		P03.18	F40	P01～03
电动机参数 自测定						P04～05
转矩控制功能						H18
下垂功能						H28
加速时间	b-7～8 H-42～47	1-11～ 1-14	F09	P00.12	F08	F07
减速时间			F10	P00.13	F09	F08
点动加减速时间	L-16～17	1-17～18	F28～29	P01.21～22		
加减速方式	b-9	1-15～16				
起动功能	L-6～10	2-03	F43	P01.18～19	F21～22	F23～24
停机功能	L-11～14	2-04	F27	P01.03	F76	F25
直流制动功能		2-05～09	F47	P01.04～06		F20～22

（续）

功能参数类别	变频器型号					
	博世力士乐 CVF-G3	英威腾 INVT-G9	普传 PI7100	德力西 CDI9100	森兰 SB12	富士 G11S
操作方式选择	b-3	2-01	F05	P00.00		F02
旋转方向选择	b-4	2-10、4-05	F54~55	P00.03	F27	H08
自锁控制功能	L-33	4-14				
输入端子功能	L-63~69	4-06~13	F63	P02.00~07		E01~09
多档速频率设定	L-18~32	5-00~06				C05~19
模拟量输出端子功能	b-10~14	3-00~03		P02.18~19	F28~29	F30~35
开关量输出端子功能	b-15~16	3-08~09		P02.09~11	F33~34	E20~25
程序控制选择	H-14	5-07	F50	P02.20		C21
程序段预置功能	H-15~35	5-08~16	H00~34	P02.21~48		C22~28 E10~15
系统闭环控制	H-48	6-00	F72	P03.08		H20
目标给定选择	H-49	6-01~06	P03	P03.09	F47	
反馈选择功能	H-50~52	6-07~12	P02	P03.11	F50~52	H21
比例增益选择	H-55	6-13	P07	P03.12	F60	H22
积分时间选择	H-56	6-14	P05	P03.13	F61	H23
微分时间选择	H-57		P06	P03.14		H24
反馈信号异常功能	H-60~61	6-15~18	P00			
过载保护功能	H-1~2	7-09~11	F45~46	P00.17~18	F10~11	F10~12 E33~35
过电流保护功能	H-9					H12
过电压保护功能		7-00~02		P03.02~03		
自动电压调整	H-8	7-03	F41	P01.36	F37	
断相保护功能		7-12~15				
加速中防止跳闸		7-04				
运行中防止跳闸		7-05				
瞬时停电的重合闸功能	H-4~5	8-00~04		P01.35		F14 H13~16
故障跳闸的重合闸功能	H-6~7	7-16~17	F48	P01.12~13	F35~36	H04~05
过转矩保护功能	L-61~62	7-06~08				
显示内容选择		0-01~02	F65~66	P03.23		E40~47

（续）

功能参数类别	变频器型号					
	博世力士乐 CVF-G3	英威腾 INVT-G9	普传 PI7100	德力西 CDI9100	森兰 SB12	富士 G11S
通信功能	H-78~83	A-00~02		P03.19~21		H30~39
语言选择功能						E46
数据的初始 化功能	L-73			P03.25	F38	H03
数据的锁定 与密码	L-72			P03.24	F39	F00
冷却风扇控 制功能			F53	P03.07		H06

1.6.2 功能参数设置的方法

变频器、电动机软起动器以及各种数显仪表都是以单片机为核心控制单元的智能化设备，使用前均应对其功能参数进行设置，这已成为电子电气技术人员的一项基本功☑。图1-27所示为创世变频器面板按键及显示屏排列示意图，表1-4是面板上的按键名称及功能说明。

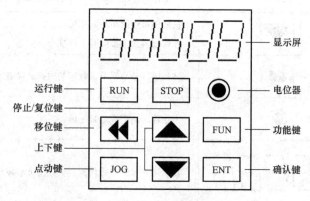

图1-27 创世变频器面板按键及显示屏排列图

表1-4 图1-27中按键名称及功能说明

按 键	功 能
RUN	运行键，用于启动运行的指令键
STOP	停止/复位键，用于停止运行，或者因为保护功能动作停止运行时复位变频器

☑ 变频器功能参数的设置，通常通过操作控制面板上的按键并配合显示屏显示的内容来完成。因此应对变频器控制面板上的按键排布及其基本功能有所了解。

（续）

按　键	功　能
FUN	功能键。运行监测模式（显示变频器运行参数模式）与编程模式（设置功能参数模式）的切换键。在运行监测模式下，按一下该键将进入编程模式，配合其他键设置完参数后，再次按下该键返回监测模式
ENT	确认键。在运行监测模式下，连续多次按该键，可依次循环显示变频器输出频率、输出电流、输出电压、直流母线电压、输入信号、模块温度等。在参数设定模式下，按一下该键显示当前参数内容（参数值），配合其他键修改完参数后，再次按下该键将修改后的数据存入 EEPROM 中
JOG	点动键。按下此键 2s 后，执行点动频率指令
▲	按此键可连续增加频率值 在编程模式中按此键，可增大参数值
▼	按此键可连续减小频率值 在编程模式中按此键，可减小参数值
◀◀	移位键。参数码及参数值的位数选择键
◉	电位器。用于设定频率值
🮰🮰🮰🮰🮰	显示屏。显示参数代码、参数值或故障码

现以创世变频器为例，介绍功能参数的设置方法。上电后变频器进入运行监测模式并显示频率值，然后按以下步骤进行设置：

1）按一下功能键，进入编程模式，显示屏显示功能码 P×××。

2）用▼键、▲键和◀◀键配合选择所需设定的参数代码号，例如 P005，用确认键确认后，显示屏显示内容由参数代码号 P005 变为 P005 的参数值。

3）再用▼键、▲键和◀◀键配合修改参数值，修改完毕按确认键保存，显示屏显示下一个参数代码号。

　　4）重复上述 2）、3）两项操作，直至将所有需要修改设置的参数设置完毕。

　　5）按功能键 FUN 返回运行监测模式。

　　参数设置工作结束。

　　对于不同型号的变频器，参数设置的方法大同小异。一个基本思想是：首先按一下功能键（有的变频器是按模式键或其他类似功能键，有的是按两下或数下），使变频器进入参数设置状态，显示屏上会显示一个参数代码；接着用▼键、▲键和◀◀键配合修改，使显示的参数代码变成欲修改的代码（这三个键在所有变频器中都有配置），这时按确认键（所有变频器都配置具有确认功能的按键），显示内容变成欲修改代码的参数值；然后用▼键、▲键和移位◀◀键三个键配合修改代码的参数值；最后确认保存。如此反复操作直至设置完全部参数，并返回运行状态。

第2章

Chapter **2**

变频器对电动机的控制

2.1 变频器对异步电动机的控制方式

目前变频器对电动机的控制方式有如下几种：V/F控制、转差频率控制、矢量控制、转矩控制、直接转速控制、非线性控制、自适应控制和滑模变结构控制等。其中前五种控制方式已经获得成功应用，并有商品化的产品，所以下面讨论前五种控制方式。

2.1.1 V/F控制

V/F控制方式是在改变电动机电源频率的同时，也改变电动机电源的电压，使电动机磁通保持一定，在较宽的调速范围内，电动机的效率、功率因数不下降。因为控制的是电压和频率之比（U/f），所以称作V/F控制。

U/f一定的控制常用在通用变频器上，主要用于风机、水泵的调速节能，以及对调速范围要求不高的场合。其突出的优点是可以进行电动机的开环速度控制。U/f一定的控制存在的主要问题是低速性能较差，原因是低速时异步电动机定子电压降所占比重增大，已不能忽略，最终造成电动机的电磁转矩减小。U/f一定的控制存在的缺点可以采用补偿低端电压的方法解决，即在低速时适当提升电压，以补偿定子电阻电压降的影响。

2.1.2 转差频率控制

转差频率控制需要在电动机转子上安装测速发电机等速度检测器，用以检测电动机的速度，然后以电动机速度与转差频率之和作为变频器的输出频率🖹。

2.1.3 矢量控制

矢量控制是一种高性能异步电动机控制方式，它基于电动机的动态数学模型，分别控制电动机的转矩电流和励磁电流，具有与直流电动机相类似的控制性能。

直流电动机具有励磁和电枢两套绕组，工作时由不同的电源供电。当励磁电流恒定时，直流电动机所产生的电磁转矩与电枢电流成正比，控制直流电动机的电枢电流就可以控制电动机的转矩，因而直流电动机具有良好的控制性能。

异步电动机也有两套绕组（定子绕组和转子绕组），其中定子绕组与外部电源相连，在定子绕组中流过定子电流。异步电动机的定子电流中包括了励磁电流分量和转子电流分量。由于励磁电流是异步电动机定子电流的一部分，因此，很难像直流电动机那样仅仅控制异步电动机的定子电流，达到控制电动机转矩的目的。但是异步电动机的动态数学方程具有和直流电动机的动态方程式相同的形式，因而可以选择合适的控制策略，使异步电动机得到与直流电动机相类似的控制性能，这就是矢量控制。关于矢量控制具体的工作原理，在有关专业书籍中有详细的介绍，这里因为篇幅关系不再赘述。

2.1.4 转矩控制

转矩控制的对象是电动机的转矩，而不是转速。传送给变频器的目标信号（给定信号）最终控制的是电动机的电磁转矩，而不是频率。在转矩控制方式下，电动机转速的高低，取决于电磁转矩和负载转矩较量的结果，可能加速，也可能减速，其频率不可调节。有时转矩控制用于起动或停止的过渡过程中，当拖动系统起动结束后，即切换成转速控制方式，以便控制转速📖。

2.1.5 直接转速控制

直接转速控制（DSC）对变频器的输出电压、电流进行检测，经坐标变换处理后，送入电动机模型，推算出电动机的磁通、瞬时转速，在保持磁通闭环的同时，每秒钟对电动机的转速进行高达数千次的校正，所以称为直接转速控制📖。

2.2 变频器的电磁兼容性

国际电工委员会（IEC）对电磁兼容性的定义是："电磁兼容性是电子设备的一种功能，电子设备在电磁环境中能完成其功能，

📝 转矩控制常用于牵引和起重装置的起动，以及恒张力控制等。采用转矩控制模式时，可以使电动机的电磁转矩逐渐增大，直至克服负载转矩时开始缓慢加速，可使起动过程十分平稳。

📝 直接转速控制方式具有更快的响应速度、更小的转矩脉动、更稳定的准确度，同时还能补偿线路压降、线路电阻及定子电阻温升带来的影响。

而不产生不能容忍的干扰"。我国颁布的"电磁兼容性"国家标准对电磁兼容性作出如下定义："设备或系统在其电磁环境中能正常工作且不对该环境中任何事物构成不能承受的电磁骚扰的能力"。这里所讲的电磁环境是指存在于给定场所的所有电磁现象。显然，电磁兼容性与抗干扰能力的含义是有明显区别的。

变频器作为电力电子设备，内部由电子元器件、计算机芯片等组成，易受外界的电气干扰；其输入侧和输出侧的电压、电流含有丰富的高次谐波，变频器既要防止外界干扰信号干扰变频系统的运行，又要防止变频系统产生的干扰信号影响其他电气控制系统，即所谓电磁兼容性。

2.2.1 变频器的谐波和电磁干扰

变频器的主电路一般为交-直-交结构，外部输入的 380V/50Hz 工频电源经三相不可控整流桥整流成直流电压，并且在变频器的输出回路中，输出电流信号是受 PWM 裁波信号调制的脉冲信号，所以在输入和输出回路的电流信号中都含有正弦波的基波和其他各次谐波。

电磁干扰也称电磁骚扰（EMI）。外部噪声和无用信号在接收中所造成的电磁干扰通常是通过电路传导和以场的形式传播的。变频器的逆变器大多采用 PWM 技术，当其工作在开关模式并作高速切换时，产生大量耦合性噪声，因此，它对系统内其他的电子、电气设备来说是一个电磁干扰源。电网中存在的各种整流设备、交直流互换设备、电子电压调整设备、非线性负载及电子照明设备等，都是电网中的谐波污染源，会使电网中的电压、电流产生波形畸变，影响和干扰相邻的电气设备运行。受污染的电源对变频器的干扰主要有过电压、欠电压、瞬时掉电、浪涌、跌落、尖峰电压脉冲和射频干扰等。其次，共模干扰通过变频器的控制信号线也会干扰变频器的正常工作。

2.2.2 变频系统中的抗干扰措施

变频系统中的抗干扰措施可以采用隔离、滤波、屏蔽、接地等方法。

所谓干扰的隔离，是指从电路上把干扰源和易受干扰的部分隔离开来，使它们不发生电的联系。具体措施有：①使所有的信号线很好的绝缘，保证其不漏电，防止由于接触引入的干扰；②将不同种类的信号线分别敷设；③模拟量信号，特别是低电平信号，采用屏蔽双绞线连接，且单独占用电缆管或电缆槽；④低电平的开关信号、数据通信线路（RS-232）等，其抗干扰能力略强，但也要采用屏蔽双绞线，至少用双绞线，并单独走线，不可与动力线、大负荷信号线平行敷设；⑤高电平或大电流的开关量输入、输出以及其他继电器输入、输出信号，它们会干扰别的弱小信号，因此应采用双绞线连接，并单独走电缆管或电缆槽；⑥将外部信号与变频器内部通过隔离变压器、继电器或光电耦合器进行隔离，效果很好，已被变频器生产厂商广泛采用。

屏蔽就是用金属导体，把相关的元器件、组合件、控制线及信号线包围起来。屏蔽干扰源是抑制干扰最有效的方法。通常变频器本身用铁壳屏蔽，不让其电磁干扰泄漏。屏蔽线的正确使用也是变频器正常运行的重要技术手段之一。

为了抑制变频器输入侧的谐波电流，改善功率因数，可在变频器输入端加装具有滤波效果的交流电抗器；为了改善变频器输出电流的波形，减小电动机的噪声，可在变频器输出端也加装交流电抗器。系统中设置滤波电抗器可以抑制干扰信号从变频器通过电源线传导干扰到供电网络。有更高要求时还可在电源线上设置电源噪声滤波器。

变频器本身有专用接地端子 PE 或 G 端，从安全和降低噪声的需要出发，该端必须接地。可用较粗并尽量短的导线，一端接到变频器接地端子 PE 上，另一端与接地极相连，不能接在中性线上。接地电阻应小于 1Ω，接地线长度应小于 20m。实践证明，接地往往是抑制噪声和防止干扰的重要手段，良好的接地方式可在很大程度上抑制内部噪声的耦合，防止外部干扰的侵入，提高系统的抗干扰能力。

2.3　变频器的制动方式

2.3.1　变频器的再生制动

电压型的交-直-交通用变频器，对三相交流电源进行不可控桥式整流，再经电解电容滤波稳压，最后由无源逆变环节输出频率可调的交流电供给电动机。这种通用型变频器用于矿用提升机、轧钢机、大型龙门刨床、卷绕机及机床主轴驱动等系统时，由于要求电动机四象限运行，所以当电动机减速、制动或者带位能性负载重物下放时，电动机将处于再生发电状态。

当变频器输出频率降低时，电动机的同步转速随之下降，而由于机械惯性的作用，这时同步转速可能低于转子转速，电动机从电动状态转变为发电状态，处于再生制动状态。由图 1-3 可见，电动机再生的电能经并联在 V1～V6 上的续流二极管全波整流后反馈到直流电路，使电容器 C1 和 C2 两端电压升高，形成"泵升电压"。过高的泵升电压有可能损坏开关器件和电解电容，甚至破坏电动机的绝缘。为使系统在发电制动状态能正常工作，必须采取适当的制动措施。

1. 能量消耗型

这种制动方法是在变频器直流电路中并联制动单元和制动电阻，通过检测直流母线上的电压来控制制动单元 IGBT 的导通与否，从而实现制动电阻的接入和断开，如图 2-1 所示，点画线框内是制动单元，DR 是制动电阻。当直流母线上的电压，即电容器 C 两端的电压达到或超过门槛电压（例如 700V）时，IGBT 导通，制动电阻 DR 接入电路，再生能量在制动电阻上以热能的形式被消耗掉，从而防止直流电压的上升。由于再生能量未能得到利用，因此属于能量消耗型。当直流母线上的电压低于门槛电压时，制动过程结束。

2. 并联直流母线吸收型

这种制动方法适用于多台电动机传动系统，在这种系统中，每台电动机配置一台变频器，所有变频器的逆变单元都并联在一对共用直流母线上。系统中往往有一台或数台电动机工作于制动状态，处于制动状态的电动机产生再生能量，

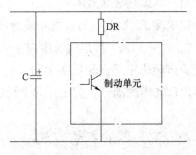

图 2-1　制动单元与制动电阻

这些能量通过并联于直流母线上处于电动状态的电动机所吸收。在不能完全吸收的情况下，则通过共用的制动单元控制，使未被完全吸收的再生能量消耗在制动电阻上。这种方式有部分再生能量被吸收利用，具有一定的节能效益。

3. 能量回馈型

能量回馈型变频调速系统要求变频器网侧变流器是可逆的。当有再生能量产生时，可逆变流器将再生能量回馈给电网，使再生能量得以完全利用。但这种方法对电源的稳定性要求较高。

2.3.2 变频器的直流制动

所谓"直流制动"，一般指当变频器的输出频率接近为零，电动机的转速降低到一定数值时，变频器输出直流至异步电动机的定子绕组。由于异步电动机的定子绕组因直流电流而形成静止磁场，转动着的转子切割该静止磁场而产生制动转矩，此时电动机处于能耗制动状态使旋转的转子存储的动能转换成电能，以热损耗的形式消耗于异步电动机的转子回路中，从而使电动机迅速停止。采用直流制动的变频调速系统，仍应在变频器直流环节接入制动单元和制动电阻。

实现变频调速系统的直流制动，应对变频器的相关功能参数进行设置。

2.3.3 变频器电容反馈制动

上面介绍了通用变频器传动系统中对再生能量的常用的处理方法，即能耗制动法和能量回馈法等。前者利用设置在变频器直流回路中的制动单元控制制动电阻吸收再生电能，即所谓能耗制动，这种方法的优点是结构简单、成本低廉；缺点是运行效率低、产生的热量大、使变频器的运行环境劣化。后者可将再生电能回馈至电网，且回馈电能的电压、频率、相位与电网相同，优点是运行效率高、能四象限运行；缺点是对电网的运行稳定性要求较高，即只能应用于不易发生故障的稳定电网，另外，再生能量回馈电网时，对电网有谐波污染，同时，回馈制动的控制技术复杂、成本较高。

电容反馈制动✍的充电反馈回路是采用可逆晶闸管斩波器实现的，其主电路如图 2-2 所示。整流部分是由普通二极管 VD1～VD6 构成的不可控整流桥电路；电解电容 C1、C2 是滤波元件；S1 是由晶闸管组成的延时开关，变频器通电瞬间断开，待电容器 C1、C2 充电至一定幅度时导通，用于限制变频器通电瞬间过大的充电涌流；由 IGBT 功率模块 V1、V2、充电反馈电抗器 L 及法拉级大容量电解电容器 C 构成充电、反馈回路；逆变部分由 IGBT 功率模块 V5～V10 组成。

✍ 变频器的电容反馈制动是使一部分再生能量得到利用的一种控制方式，有较高的能源利用率。

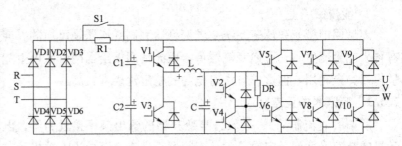

图 2-2　电容反馈制动电路

　　控制电路对输入交流电压和直流电路电压实时进行监控，并决定是否向 V1 发出充电信号。当变频调速系统的电动机工作在发电运行状态，输入交流电压以及所对应的直流电压达到设定值时（例如交流 380V 和直流 530V。直流 530V 是交流 380V 输入电压经三相桥整流后的电压峰值，变频器驱动电动机运行在电动状态时，通常只能达到平均值，低于直流 530V），控制电路使 V3 关断，V1 导通，发电状态的再生能量对电解电容器 C 进行充电，此时电抗器 L 与电解电容器 C 分压，从而确保电解电容器 C 工作在安全电压范围内。当电容器 C 上电压达到设定值（例如直流 370V），而系统仍处于发电状态时，控制电路使 V4 导通，启动制动单元，通过制动电阻 DR 实现能耗制动，消耗多余的能量。

　　电动机运行在电动状态时，控制电路通过对电容器 C 上的电压以及直流回路电压的检测，控制功率模块 V3 的开关频率及占空比，使电抗器 L 上形成一个瞬时左正、右负的电压，再加上电容器 C 上的电压，就能实现从电容器到直流回路的能量反馈过程，并控制反馈电流，确保直流电路电压不出现过高值。

2.4　变频器的 PID 控制

　　PID（比例-积分-微分）调节属于闭环控制，是过程控制中应用得相当普遍的一种控制方式。

2.4.1　如何使 PID 控制功能有效

　　要实现闭环的 PID 控制功能，首先应将 PID 功能预置为有效。具体方法有如下两种：一种是通过变频器的功能参数码预置，例如艾默生 TD3000 型变频器，其功能参数 F7.00 是"闭环控制功能选

> 变频器的 PID 控制方式是使控制系统的被控物理量能够迅速而准确地尽可能接近控制目标的一种手段。

择"，将 F7.00 参数设为"0"时，则不选择 PID 闭环控制功能；设为"1"时为选择模拟闭环控制功能；设为"2"时选择采用 PG 的速度闭环。另一种是由变频器的外接多功能端子的状态决定，例如富士 G11S 系列变频器，如图 2-3 所示，在多功能输入端子 X1～X9 中任选一个，将功能码 E01～E09（与端子 X1～X9 相对应）预置为"20"，则该端子即具有决定 PID 控制是否有效的功能，该端子与公共端子 CM "ON"时无效，"OFF"时有效。应注意的是，大部分变频器兼有上述两种预置方式，但有少数品牌的变频器只有其中的一种方式。

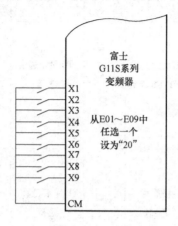

图 2-3　用外接端子设置 PID 功能有效

2.4.2　目标信号与反馈信号

欲使变频系统中的某一个物理量稳定在预期的目标值上，变频器的 PID 功能电路将反馈信号与目标信号不断地进行比较，并根据比较结果来实时地调整输出频率和电动机的转速。所以，变频器的 PID 控制至少需要两种控制信号：目标信号和反馈信号。这里所说的目标信号是某物理量预期稳定值所对应的电信号，亦称为目标值或给定值；而该物理量通过传感器测量到的实际值对应的电信号称为反馈信号，亦称为反馈量或当前值。

2.4.3　目标信号的输入通道与数值大小

实现变频器的闭环控制，对于目标信号来说，有两个问题需要解决：一是选择将目标值（目标信号）传送给变频器的输入通道；二是确定目标值的大小。对于第一个问题，各种变频器大体上有如下两种方案。一是自动转换法，即变频器预置 PID 功能有效时，其开环运行时的频率给定功能自动转为目标值给定，见表 2-1 中的安川 CIMR-G7A 型与富士 G11S 系列变频器。二是通道选择法，见表 2-1 中的博世力士乐 CVF-G3 系列与格立特 VF-10 系列变频器。

要想使变频器的 PID 功能有效，一是通过设置参数的方法实现，二是利用变频器的多功能端子来实现，选定的端子与逻辑地之间的触点接通，PID 功能有效，触点断开则 PID 功能无效。如果选择了不同型号变频器的话，PID 功能的有效与无效的逻辑也可能相反。

目标信号是变频器控制后预期达到的期望值，反馈信号是受控物理量通过传感器测量到的实际值对应的电信号。

应根据变频器产品说明书中介绍的方法，选择最适合自己应用案例的输入通道和目标值的大小。

表 2-1　变频器目标值输入通道举例

变频器型号	功能码	功能名称	设定值及相应含义
博世力士乐 CVF-G3 系列	H-49	PID 设定通道 选择	0：面板电位器 1：面板数字设定 2：外部电压信号 1（0～10V） 3：外部电压信号 2（−10～10V） 4：外部电流信号 5：外部脉冲信号 6：RS－485 接口设定
格立特 VF-10	FC2	PID 给定量 选择	0：键盘数字给定 1：键盘电位器 2：模拟端子 VS1：0～10V 给定 3：模拟端子 VS2：0～5V 给定 4：模拟端子 IS：4～20mA 给定
安川 CIMR-G7A	b5-01 b1-01	选择 PID 功 能是否有效	当通过 b5-01 选择 PID 功能有效时，b1-01 的各项频率给定通道均转为目标值输入通道
富士 G11S 系列	H20	选择 PID 功 能是否有效	当通过 H20 选择 PID 功能有效时，目标值 即可按"F01 频率设定 1"选定的通道输入

　　第二个问题是确定目标值的大小。由于目标信号和反馈信号有时不是同一种物理量，难以进行直接比较，所以，大多数变频器的目标信号都用传感器量程的百分数来表示。例如，某储气罐的空气压力要求稳定在 5MPa，压力传感器的量程为 10MPa，则与 5MPa 对应的百分数为 50%，目标值就是 50%。而有的变频器的参数列表中，有与传感器量程上下限值对应的参数，例如富士 G11S 变频器，将参数 E40（显示系数 A）设为"2"，即压力传感器的量程上限 2MPa；参数 E41（显示系数 B）设为"0"，即量程下限为 0；则目标值为 1.2，即压力稳定值为 1.2 MPa。目标值即是预期稳定值的绝对值。

2.4.4　PID 的反馈逻辑

　　所谓反馈逻辑，是指被控物理量经传感器检测到的反馈信号对变频器输出频率的控制极性。例如中央空调系统在夏天制冷时，如果循环水回水温度偏低，经温度传感器得到的反馈信号减小，说明房间温度过低，从节约能源的角度考虑，可以降低变频器的输出频率和电机转速，减少冷水的流量。而冬天制热时，如果回水温度偏低，反馈信号减小，说明房间温度低，要求提高变频器输出频率和电机转速，加大热水的流量。由此可见，同样是温度偏低，反馈信号减小，但要求变频器的频率变化方向却是相反的。这就是引入反馈逻辑的缘由。变频器反馈逻辑的功能选择举例见表 2-2。

表 2-2　变频器反馈逻辑的功能选择举例

变频器型号	功能码	功能名称	设定值及相应含义
格立特 VF-10	FC1	PID 运行选择	0：模拟闭环反作用 1：脉冲编码器的闭环控制 2：模拟闭环正作用
富士 G11S 系列	H20	PID 模式	0：不动作　1：正动作（正反馈） 2：反动作（负反馈）
博世力士乐 CVF—G3 系列	H-51	反馈信号特性	0：正特性（正反馈） 1：逆特性（负反馈）
普传 PI7100	P00	PID 调节方式	1：负作用 2：正作用

2.4.5　反馈信号输入通道

表 2-3 介绍了几种变频器的反馈信号输入通道供参考。由表可见，海利普变频器只指定4~20mA 的模拟量电流信号通道为唯一的反馈信号输入通道，是一个例外。

表 2-3　几种变频器的反馈信号输入通道

变频器型号	功能码	功能含义	数据码及含义
博世力士乐 CVF-G3 系列	H-50	PID 反馈 通道选择	0：外部电压信号1（0~10V） 1：电流输入 2：脉冲输入 3：外部电压信号2（−10~10V）
安川 CIMR-G7A	H3-05	模拟量输入端子 A3 功能选择	B：PID 反馈信号输入通道
	H3-09	电流信号输入端子 A2 功能选择	

所谓反馈逻辑，是指被控物理量转换得到的反馈信号对变频器输出频率的控制极性。例如在中央空调系统中，同样是反馈信号减小，冬天与夏天对变频器的控制要求是刚好相反的。这就涉及反馈逻辑问题。

变频器 PID 控制的反馈信号通常有多个输入通道，应根据产品说明书的介绍，选择最方便快捷的输入通道。

（续）

变频器型号	功能码	功能含义	数据码及含义
富士 G11S 系列	H21	反馈选择	0：控制端子 12 正动作（电压输入 0～10V） 1：控制端子 C1 正动作（电流输入 4～20mA） 2：控制端子 12 反动作（电压输入 10～0V） 3：控制端子 C1 反动作（电流输入 20～4mA）
海利普 HLP			反馈信号的唯一输入通道：指定为模拟量电流信号 4～20mA

2.4.6 参数值的预置与调整

一般在调试刚开始时，"P"可按中间偏大值预置，或者暂时默认出厂值，待设备运转时再按实际情况细调。开始运行后如果被控物理量在目标值附近振荡，首先加大积分时间"I"，如仍有振荡，可适当减小比例增益"P"。被控物理量在发生变化后难以恢复，首先加大比例增益"P"，如果恢复仍较缓慢，可适当减小积分时间"I"，还可加大微分时间"D"。

2.5 变频器的多段速运行

电动机拖动的生产机械，有时根据加工产品工艺的要求，需要先后以不同的转速运行，即多段速运行。传统技术是采用齿轮换挡的方法，但这种方法使得设备结构复杂，体积较大，故障率高，维修难度大。使用变频器则方便得多，无须增加或改造硬件设备即可实现多段速运行。

实现变频器多段速运行大体上有两种方法。

第一种方法称为端子控制法。这种方法首先要通过参数设置使变频器工作在端子控制的多段速运行状态，并使变频器的若干个输入端子成为多段速频率控制端，然后对相关功能参数进行设置，预置各挡转速对应的工作频率，以及加速时间或减速时间。之后即可由逻辑控制电路、PLC 或上位机给出频率选择命令，实现多段速频率运行。

变频器的多段速运行有两种方法可以实现，一种方法称为端子控制法，另一种方法是程序控制法。

第二种方法不使用多功能输入端子，仅对相关功能参数进行设置，虽然涉及参数较多，但运行方式灵活，且可重复循环运行。为了区别第一种控制方法，称这种方式为程序控制法。

2.5.1　端子控制的多段速运行

在变频器外接输入多功能控制端子中，通过功能预置，将若干个（通常为 2~4 个）输入端指定为多档（3~15 档）转速控制端。转速的切换由外接的开关器件通过改变输入端子的状态及其组合来实现。转速的档次按二进制的顺序排列，所以两个输入端最多可以组合成 3 档转速，3 个输入端最多可以组合成 7 档转速，4 个输入端最多可以组合成 15 档转速。

下面以博世力士乐 CVF-G3 系列变频器为例，介绍具体的操作方法。首先将功能参数 b-1（频率输入通道选择）预置为"9"，即把运行频率和方式的控制权交给了"外部多功能输入端子"。接着把 L-63 预置为"1"，L-64 预置为"2"，L-65 预置为"3"，L-66 预置为"4"；这几个参数预置的意义在于：一是确定了变频器运行在多段速方式；二是外部输入端子 X1、X2、X3、X4 成为多档转速输入控制端子，而且确定了 X1 对应着 4 位二进制数中的最低位，X4 对应着 4 位二进制数中的最高位。转速的切换由指定控制端上外接开关的通断状态及其组合来实现。图 2-4 是指定了 4 个多段速控制端的示意图，每个继电器触点的通断状态对应着 4 位二进制数中的一个位，开关闭合（on）相应位为 1，开关断开（off）相应位为 0。图 2-4 中 4 个开关均断开，即这个二进制数为 0000。应注意的是，有的变频器在设置多段速运行档次时，其"0""1"的定义与开关状态的对应关系与此相反，具体应用应以说明书的介绍为准。开关的通断状态及其组合对应的频率（转速）档次见表 2-4。

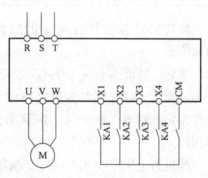

图 2-4　设置多段速控制端

变频器通过端子控制法实现多段速运行时，须将若干个输入端指定为多档转速控制端。使用端子的个数与段速的个数遵循二进制的规则，如果使用端子的个数为 n，那么最多可设置的段速数目为 n^2-1。例如使用 4 个输入端子，可对应有 16 个二进制状态，但在变频器中对于二进制中各个数位均为 0 的状态不将其用来选择一个转速，所以使用 4 个输入端子最多可以确定 $n^2-1=4^2-1=15$ 档转速。

目前生产的变频器最多可通过使用 4 个端子设置 15 档转速。

使用 2 个端子最多可设置 3 档转速，使用 3 个端子最多可设置 7 档转速。

表 2-4 端子开关状态与转速档次对应关系

指定端子接点输入信号组合				对应的二进制数	选择的频率档次
X4	X3	X2	X1		
off	off	off	on	0001	1
off	off	on	off	0010	2
off	off	on	off	0011	3
off	on	off	off	0100	4
off	on	off	off	0101	5
off	on	off	off	0110	6
off	on	off	off	0111	7
on	off	off	off	1000	8
on	off	off	off	1001	9
on	off	off	off	1010	10
on	off	off	off	1011	11
on	off	off	off	1100	12
on	off	off	off	1101	13
on	off	off	on	1110	14
on	off	off	off	1111	15

接着预置各档转速对应的工作频率以及加速时间或减速时间。

例如，博世力士乐 CVF-G3 系列变频器通过 L-18 ~ L-32 这 15 个功能参数，可分别对多段速频率 1 ~ 多段速频率 15 进行设置，频率设定范围为 0.00Hz ~ 上限频率，各档转速的运行频率可以互不相同。

博世力士乐 CVF-G3 系列变频器各档转速的加减速时间设置见表 2-5。

表 2-5 博世力士乐 CVF-G3 系列变频器各档转速的加减速时间设置

参数代码	速度段别	设置内容	设置范围/s
H-17	多段速 1	多段速 1 加减速时间	
H-20	多段速 2	多段速 2 加减速时间	
H-23	多段速 3	多段速 3 加减速时间	
H-26	多段速 4	多段速 4 加减速时间	0.1 ~ 6000
H-29	多段速 5	多段速 5 加减速时间	
H-32	多段速 6	多段速 6 加减速时间	

除了设置多段速运行的段速个数外，还要设置各档转速对应的工作频率，以及加速时间和减速时间。

（续）

参数代码	速度段别	设置内容	设置范围/s
H-35	多段速 7	多段速 7 加减速时间	
b-7,b-8	多段速 8	加减速时间 1	
H-42,H-43	多段速 9	加减速时间 2	
H-44,H-45	多段速 10	加减速时间 3	
H-46,H-47	多段速 11	加减速时间 4	0.1~6000
b-7,b-8	多段速 12	加减速时间 1	
	多段速 13		
	多段速 14		
	多段速 15		

　　在上述博世力士乐 CVF-G3 系列变频器中，我们通过功能参数码 b-1 的设置，确定了变频器的运行频率和运行方式由外部多功能输入端子控制；通过 L-63~L-66 设置了多功能输入端子 X1~X4 为多档转速控制端；通过 L-18~L-32 这 15 个功能参数码预置了 15 档转速的运行频率；通过表 2-5 中的功能参数码预置了各档转速的加减速时间，之后即可由逻辑控制电路、PLC 或上位机给出频率选择命令，控制图 2-4 中触点 KA1~KA4 的通断状态及其组合，实现多段速频率运行。每个段速运行时间的长短由触点 KA1~KA4 的状态确定，一旦状态变化，就意味着结束上一个段速而开始新一个段速的运行🖉。

2.5.2　程序控制的多段速运行

　　欲使变频器进入程序控制的多段速运行状态，首先要将变频器进行设置，使其工作在该状态，然后对相关参数进行设置，并起动设备运行。下面仍以博世力士乐 CVF-G3 变频器为例介绍具体操作方法。

　　首先通过高级参数 H-14 将可编程多段速运行的方式进行设置，使其工作在多段速运行的某一模式下。设置选择见表 2-6。

　　接着通过功能参数 L-18~L-24 分别对多段速频率 1~多段速频率 7 进行设置，频率设定范围为 0.00Hz~上限频率，各段速的运行频率可以互不相同。这里应注意，在程序控制的多段速运行状态，与端子控制方式不同，最多只能控制 7 段频率转速，而不是端子控制的 15 段。

　　然后通过功能参数对各档转速的运行时间和运行方向进行设

　　🗹 在变频器多段速运行的端子控制法中，每个段速的运行时间无须设置，因为每个端子上连接的触点状态（可参见图 2-4 中的触点 KA1~KA4）一旦发生变化，其对应的二进制数随之发生变化，相应的段速编号、该段速编号对应的运行频率以及加减速时间会同时发生变化，标志着上一个段速的终止和下一个段速的开始。

如果使用变频器程序控制的多段速运行，则须通过设置参数使变频器进入该工作模式。在程序控制的多段速运行模式，须对每个段速的运行频率、运行时长、加减速时间、运转方向进行参数设置，并设置所有段速运行完毕一个循环后，变频器是停止运行，还是继续无限循环运行，或者一个循环结束后按照最后一个频率不为 0 的段速频率持续运行。

置。如果生产工艺过程所需的转速档次少于 7 档，可将不需要的转速档次运行时间设置为零，这样变频器运行时就将零运行时间的转速档次跳过。详见表 2-7 和表 2-8。

表 2-6　博世力士乐 CVF-G3 变频器可编程多段速运行方式设置选择

参数代码	参数名称	设置选择	设置含义
H-14	可编程多段速运行设置	0	可编程多段速功能关闭
		1	单循环，各段速只运行一次
		2	连续循环，各段速连续循环运行
		3	保持最终值，单循环结束后以最后一个运行时间不为零的段速持续运行
		4	摆频运行，以预先设定的加减速时间使设定频率周期性的变化
		5	单循环停机模式，运行完每一段速度后，先减速到零频率，再从零频率加速到下一段频率运行，其他动作同方式1单循环
		6	连续循环停机模式，运行完每一段速度后，先减速到零频率，再从零频率加速到下一段频率运行，其他动作同方式2连续循环
		7	保持最终值停机模式，运行完每一段速度后，先减速到零频率，再从零频率加速到下一段频率运行，其他动作同方式3

表 2-7　博世力士乐 CVF-G3 变频器各档转速的运行时间设置

参数代码	设置内容	设置范围/s
H-15	多段速 1 运行时间	
H-18	多段速 2 运行时间	
H-21	多段速 3 运行时间	
H-24	多段速 4 运行时间	0.1 ~ 6000
H-27	多段速 5 运行时间	
H-30	多段速 6 运行时间	
H-33	多段速 7 运行时间	

表 2-8　博世力士乐 CVF-G3 变频器各档转速的运行方向设置

参数代码	设置内容	设置范围
H-16	多段速 1 运行方向	0：正转；1：反转
H-19	多段速 2 运行方向	

（续）

参数代码	设置内容	设置范围
H-22	多段速 3 运行方向	
H-25	多段速 4 运行方向	
H-28	多段速 5 运行方向	0:正转;1:反转
H-31	多段速 6 运行方向	
H-34	多段速 7 运行方向	

最后对多段速 1 ~ 多段速 7 的加减速时间进行设置，可参见表 2-5。对变频器的上述设置完成后，即可起动运行，实现程序控制的多段速运行。

2.6　变频器应用实例

2.6.1　变频器的广泛应用

变频器的应用范围极其广泛，已经普及到国民经济的各行各业。表 2-9 给出了部分具有成功案例的具体应用项目名称。

表 2-9　变频器在国民经济各行业中的应用

应用领域	具 体 应 用
钢铁	轧钢机、辊道、鼓风机、泵、起重机、搬运车
水泥	回转炉、起重机、鼓风机、泵
石油	游梁式抽油机、输油泵、注水泵
纤维	纺纱机、精纺机、织机、空调、鼓风机
汽车	传送带、搬运车、涂料搅拌、空调
装卸搬运	自动仓库、搬运车、粉体送料器（输出传送带）
机床	车床、立车、旋转平面磨床、机械加工中心、剃齿机
食品	制面机、制点心机、传送带、搅拌机
造纸	造纸机、风机、泵、粉碎机、搅拌机、鼓风机
矿业	提升机、传送带、掘削机、起重机、鼓风机、泵、压缩机
轧制铜线	拉线机、卷绕机、鼓风机、泵、起重机
煤气	压缩机、鼓风机、泵、搬运机
交通	电车、电力机车、汽车、船舶推进、装卸机械、飞机
化学	挤压机、胶片传送带、搅拌机、离心分离机、压缩机、喷雾器、鼓风机

（续）

应用领域	具体应用
工厂建筑	电梯、传送带、空调器、鼓风机、泵
农业	养猪、养鸡、养鱼、制茶机、灌溉用泵、空调器
生活服务	空压机、缝纫机、电风扇、陈列柜用泵、工业及家用洗衣机
电力	锅炉用鼓风机、泵、扬水发电站、飞轮
实验研究	风洞试验、主轴试验、离心分离机
电机、机械	泵、起重机、传送带、空调、鼓风机

2.6.2 实际应用案例

[案例1] 变频器在中央空调冷冻水循环泵中的应用

中央空调夏天可以制冷，冬天可以制热。实现稳定制冷或制热的关键是控制循环水泵让适当流量的热水（冬天）或冷水（夏天）流经所有受益房间，当受益房间的控制开关打开时，盘管风机即向室内释放热空气（冬天）或冷空气（夏天），使室内稳定在一个令人舒适的温度范围内。以冬天为例，中央空调系统向所有房间提供的热量，与循环水的流量以及出水、回水的温差有直接关系。为了保证室内温度稳定，应保证出水、回水的温差相对稳定。如果温差值过大，说明室内温度偏低，需要加大循环水的流量；如果温差值过小，情况刚好相反。传统的方法是在循环水泵始终全速运转的情况下，根据出水、回水的温差用手动方式或电动装置调节管道中阀门的开度，控制循环水的流量。这样操作既浪费人力，又不能保证温度的稳定，并且浪费电能，与当前积极倡导的创建节约型社会的国情格格不入。

某公司办公大楼的中央空调系统，选用富士 FRN30P11S-4CX 型 45kW 风机水泵专用变频器，配合 LU-906H 型智能化仪表温差仪对中央空调的循环水进行控制，实现了节约人力、节约能源、稳定室内温度的积极效果。电路控制方案如图 2-5 所示。

变频器与智能化仪表温差仪配合，控制中央空调系统的自动运行。温差仪选用安东公司的 LU-906H 仪表，该仪表输入端接两只 Pt100 型温度传感器，即出水管道上的温度传感器 t1 和回水管道上的温度传感器 t2，通过设置仪表参数，在其输出端输出 4～20mA 的 PID 控制信号，送到变频器的频率控制端，用于调节变频器的输

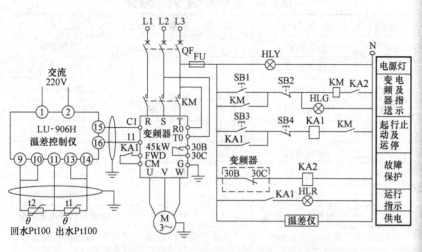

图 2-5 变频器在中央空调系统中的应用电路

出频率。实现水泵转速的闭环反馈控制。这里要注意,智能化仪表温差仪具有 PID 控制功能,并且已开通使用,所以,无须再启用变频器的 PID 控制功能。

温差仪和变频器都是智能化仪器设备,只有对其进行正确的参数设置,才能使其工作在最佳状态。温差仪在运行现场的参数设置见表 2-10。变频器的现场参数设置见表 2-11。

表 2-10 温差仪的现场参数设置

参数	意义	设定范围	设定值	设定目的
Loc	参数锁	ON/ OFF	ON	允许修改参数
Ldis	下显示状态	P/S	P	确定下显示内容
cool	正反作用	ON/OFF	ON 或 OFF	制冷或制热
P1	控制参数	0~9999	1500	PID 的比例参数
P2	控制参数	0~9999	300	PID 的积分参数
r t	控制参数	0~9999	150	响应时间设定
dAL	温差值设定	±(0~9999)	5 或 −5	制冷或制热
Sn	输入类型	0~17	8	传感器为 Pt100
FiL	输入滤波系数	0~100	1	
ctrL	控制方式	oN. oF bPid tune	bPid	PID 控制
oP	输出方式	SSr 0~10 4~20	4~20	4~20mA 输出

注:温差仪由 LED 显示,受显示效果限制,参数符号为大小写混合使用。

智能化仪表温差仪,可以将温差信号经 PID 处理后,变换成变频器所需的频率控制信号,图 2-5 所示的电路将温差信号转换成 4~20mA 的电流信号,用以调整变频器的输出频率。

中央空调控制系统中,冬天的制热与夏天的制冷,其控制方式是不同的。同样的温差值,冬天温差值增大时,是回水温度低于出水温度较多,说明房间温度偏低,须提高变频器的输出频率,提高电动机的转速,增加向房间的热水供应量。夏天温差值增大时,是回水温度高于出水温度较多,说明房间的温度偏高,须提高变频器的输出频率,并提高电动机的转速,增加向房间的冷水供应量。

这里须注意的

是，冬天与夏天测量得到的温差值极性是相反的，一个是正值，一个是负值，这就要求变频器在设置参数时，正确设置反馈控制的极性。本书此处介绍的案例中，与此相关的参数名称是"正反作用"，参数码是"cool"。参见表2-10。

表2-11 变频器的现场参数设置

功能码	参数名称	单位	设置值	注释
F00	数据保护		0	可修改参数
F01	频率设定		2	由4~20mA设定频率
F02	运行操作		0	键盘操作运行
F03	最高输出频率	Hz	50	
F05	额定电压	V	380	
F07	加速时间	s	30	
F08	减速时间	s	35	
F09	转矩提升		0.1	水泵用转矩特性
F10	热继电器动作选择		1	选择有热继电器保护
F11	热继电器动作值	A	82.6	电动机参数值
F12	热继电器热时间常数	min	10	
F14	停电再起动		3	电源瞬停再起动动作
F15	上限频率	Hz	50	
F16	下限频率	Hz	25	
F23	起动频率	Hz	5.0	
F24	起动频率保持时间	s	0.0	
F25	停止频率	Hz	4.0	
F26	载频	kHz	3	可调整电动机噪声
F27	音调		0	调整电动机噪声音调
F36	报警继电器动作模式		0	报警时30B-30C断开
P01	电动机极数	极	4	电动机参数
P02	电动机容量	kW	45	电动机参数
P03	电动机电流	A	82.6	电动机参数

变频器的参数中，"下限频率"不能设置为零（见表2-11），因为这样水泵电机有可能停转。空调循环水一旦停止流动，温度传感器t1和t2测值经温差仪处理后输出的PID控制信号即丧失了实用意义。"下限频率"参数设置的原则是：水泵电机在"下限频率"持续运行，制热时尚不足以使空调房间的温度达到需要的温度，同样制冷时不能使房间温度降到合适值，这时，t1和t2的温差值增大，温差仪输出的控制信号增大，变频器输出频率上升，循环水流量增加，室内温度得到调节。其后，变频器根据出水、回水温差的变化，温差仪输出信号的大小，随时调整水泵的转速和流量，控制空调房间

温度的稳定。

　　本案例成功地将变频器和温差仪应用到中央空调的循环水流量控制中。水泵属于二次方率负载，在忽略空载功率的情况下，负载的功率与转速的三次方成正比，所以，只要转速稍微降低一点，负载功率就会下降很多。相对于传统方案，电动机始终全速运行，用阀门调节流量，具有很大的节能空间。经过实际测算，本方案的节电效果达到了 28%。同时，还具有节约人力，稳定空调房间温度和延长设备使用寿命等诸多效益。

[案例 2]　高压变频器在煤矿主扇风机中的应用

　　煤矿开采遵循以风定产的要求，煤炭开采量与需风量有一定对应关系，用风量随煤炭产量的增加而增加，从而保障煤矿工人正常工作所需的新鲜空气，因此为了煤矿生产安全，风机供给的风量和风压应随着开采和掘进的不断延伸、巷道延长及开采量的增加而及时调节，传统的调节方法有以下几种：

　　1）阀门调节；

　　2）改变通风机转速；

　　3）改变前导器叶片角度；

　　4）轴流式通风机改变动叶安装角；

　　5）离心式通风机调节尾翼摆角；

　　6）轴流式通风机改变动叶数目；

　　7）轴流式通风机改变静叶角度。

　　其中以阀门调节效率最差，它是人为地改变阻力曲线，通过增加风阻的方法调节风量；前导器调节和尾翼摆角调节效率比阀门要高；改变动叶安装角和动叶数目，可改变风机的特性曲线，使风机在较大范围内以较高的效率运行，能在一定程度上达到节能降耗的目的。为了避免风机发生喘振现象，并使风机在各种风量工况下都具有最高的运行效率和节能效果，在当前的技术条件下，采用变频调速方案是最佳的选择。由于煤矿在风机投运的初始阶段所需风量，相对于风机可供最大风量明显较小，甚至小很多，因此在风机投运的初始阶段节能效果尤其明显。

　　某煤矿的两台 BD-Ⅱ-10-NO：32 对旋式轴流通风主扇风机，共有 4 台 400kW 的 6kV 电动机，选用 4 台 JD-BP37-560F 型高压变频器。变频器的主要技术参数为：变频器功率 560kW；工作频率

　　📝 变频器不只应用在低压电动机中，在高压电动机中同样得到广泛的应用，其在改善生产工艺、节能减排方面效益卓著。

50Hz；输入电压 6.0kV（1±20%）；输出电压为三相正弦波电压 0~6kV；输出频率 0~60Hz。该高压变频调速系统采用直接"高-高"变换形式，为单元串联多电平拓扑结构，主体结构有多组功率模块并联而成。变频装置控制采用 LED 键盘控制和人机界面控制两种控制方式，两种方式互为备用，两种方式从就地界面上可以进行增、减负荷，开停机等操作。装置保存至少 1 年的故障记录。变频器能提供两种通信功能：标准的 RS-485 和有触摸屏处理器扩展的通信接口。在 20%~100% 的调速范围内，变频系统在不加任何功率因数补偿的情况下，本机输入端功率因数可以达到 0.95。变频装置对输出电缆的长度无任何要求，变频装置保护电动机不受共模电压及 dv/dt 应力的影响。变频装置输出电流谐波因数不大于 2%，符合 IEEE 519 1992 及中国电力部门要求，高于国标 GB 14549—1993 对谐波失真的要求。变频装置输出波形不会引起电机的谐振，转矩脉动小于 0.1%。变频器叮自动跳过共振点。变频装置对电网电压的波动有较强的适应能力，在 −10%~+10% 电网电压波动时仍能满载输出。变频装置设有完善的保护功能和故障自诊断功能。

图 2-6 所示为变频装置与一台主扇风机的两台电动机的连接示意图。6kV 电源经高压开关 K1（K4）输入到高压变频装置，变频装置输出经出线高压开关 K2（K5）送至电动机；6kV 电源还可以经旁路高压开关 K3（K6）后由高压真空接触器 KM1（KM2）直接起动电动机，K1（K4）、K2（K5）与 K3（K6）具有机械互锁装置，当 K1（K4）、K2（K5）在合闸位置时 K3（K6）不能操作，反之亦然。当系统工作在变频状态时，变频器开机后，K1（K4）、K2（K5）操作失效；当系统工作在工频状态时，工频运行后 K3（K6）操作失效。这种设计可以防止操作人员误操作，避免带电拉闸带来的严重后果。工频运行是变频运行出现异常时的一种应急工作模式。

变频器于 2005 年 4 月完成安装并投入运行。投运以来输出频率、电压和电流持续稳定，变频器网侧实测功率因数为 0.976，运行效率高于 96%。配合风机动叶角度的调整，综合节电率达到 30%。

图 2-6 的示意图可以实现电动机的变频运行，在特殊情况下，也能使电动机工频运行。

工频运行是变频运行出现异常时的一种应急工作模式。

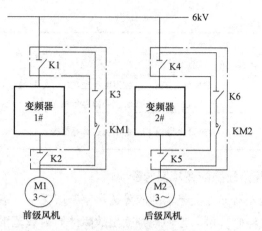

图 2-6　变频器与主扇风机电动机的连接

2.7　变频器故障的显示、诊断与维护

2.7.1　变频器故障的显示

变频器如果出现异常或故障致使保护功能动作，变频器会立即跳闸，电动机处于自由停车状态，LCD 或 LED 显示故障名称。只有消除了故障，并用 RESET 键或控制电路端子 RST 复位，变频器才能退出跳闸状态。

变频器故障时显示的故障名称及保护内容见表 2-12。

表 2-12　变频器故障时的显示内容

保护功能	面板显示		保护内容
	LED	LCD	
过电流保护	OCP	过电流保护	电动机过电流或输出端短路等原因致使变频器输出电流的瞬时值达到过电流检测值，保护功能动作
主器件自保护	EL	自保护	电源欠电压、短路、接地、过电流、散热器过热等
过电压保护	OUD	直流过电压	来自电动机的再生电流增加，主电路直流电压超过过电压检测值，则保护功能动作
欠电压保护	LU	欠电压保护	电源电压降低后，主电路直流电压降到欠电压检测值以下 瞬间停电（未选择瞬间停电再起动功能） 电压降到不能维持变频器控制电路正常工作，则全部保护功能自动复位

（续）

保护功能	面板显示		保护内容
	LED	LCD	
变频器过载保护	OL	变频器过载保护	输出电流超过反时限特性过载电流额定值，或者变频器容量相对偏小，导致保护功能动作
外部报警输入	OLE	外部报警	电动机过载等报警

2.7.2 变频器故障的逻辑图诊断

根据变频器面板上显示的故障提示字符或文字，结合平时积累的维修实践经验，可以方便地判断出故障的原因或范围。对于用户现场有条件处理解决的故障，应慎重、积极、迅速处理，以便尽快恢复设备运行。有些运行故障是因为功能参数设置不当造成的，可重新预置。

图 2-7 所示为判断过电流保护故障的逻辑框图。

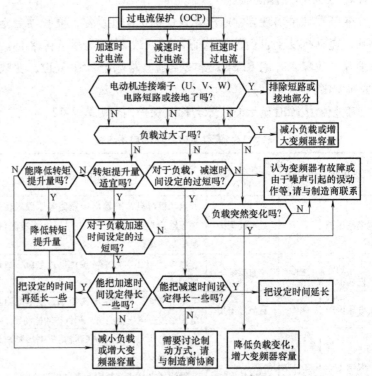

图 2-7　判断过电流保护故障的逻辑框图

图 2-8 所示为判断过电压保护故障的逻辑框图。

变频器出现故障时，其面板上的显示器会显示与故障相关的字符或文字提示。有时故障比较复杂或者隐蔽，仅靠提示字符和文字难以确定故障原因，可以根据故障现象，参照本节介绍的逻辑框图对故障进行推理性的逻辑判断，以便尽快找到故障原因并排除故障。

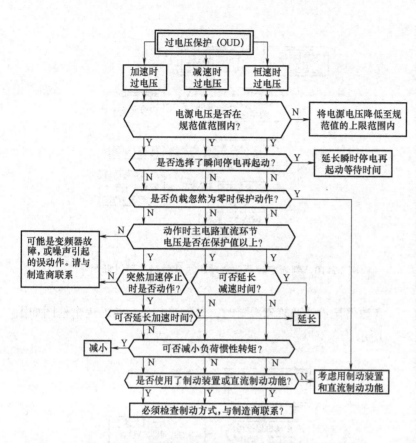

图 2-8　判断过电压保护故障的逻辑框图

判断欠电压保护故障的逻辑框图如图 2-9 所示。

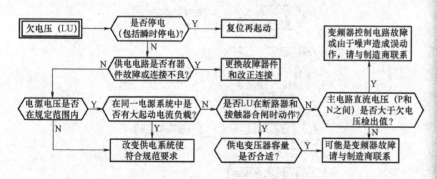

图 2-9　判断欠电压保护故障的逻辑框图

判断变频器和电动机过载故障的逻辑框图如图 2-10 所示。

过载故障包括变频器过载和电动机过载，电动机过载是变频器过载的原因之一，但不是变频器过载的全部原因。其他原因比如变频器与电动机之间的电缆长度超过限定值，电缆芯线的分布电容、寄生电容所致的容性电流过大，由此引起的变频器过载跳闸就与电动机是否过载无关。

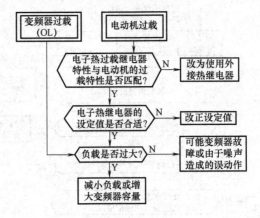

图 2-10　判断变频器和电动机过载故障的逻辑框图

　　变频器显示外部故障报警时，其故障分析判断的逻辑框图如图 2-11 所示。

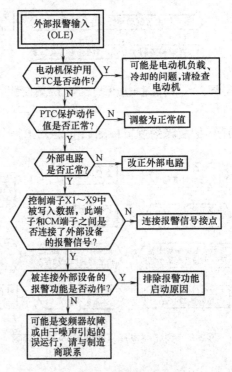

图 2-11　判断外部故障报警的逻辑框图

2.7.3　变频器主电路故障诊断

这里仅对电源电压为 380V 的变频器主电路硬件故障进行讨论。

1. 整流模块的检测与诊断

整流模块的基本电路如图 2-12a 所示，内部的二极管是否损坏，可用万用表的电阻档进行测试，测量方法如图 2-12b 所示。测量应在变频器与电源已经断开且滤波电容器已充分放电后进行。测量时应注意：使用指针式万用表的电阻档，其负表笔（黑表笔）接表内电池的正极，而正表笔（红表笔）接表内电池的负极。测量结果如果与表2-13一致，表明模块完好无损。

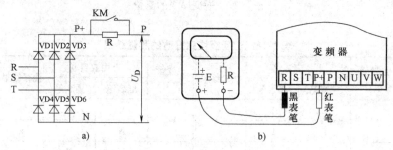

图 2-12　整流模块的测量

表 2-13　整流模块完好时的测量结果

二极管符号	万用表表笔		测量结果	二极管符号	万用表表笔		测量结果
	红表笔	黑表笔			红表笔	黑表笔	
VD1	R	P +	×	VD4	R	N	√
	P +	R	√		N	R	×
VD2	S	P +	×	VD5	S	N	√
	P +	S	√		N	S	×
VD3	T	P +	×	VD6	T	N	√
	P +	T	√		N	T	×

注：√表示二极管导通，×表示二极管截止。

2. 逆变模块的检测与诊断

逆变模块的内部电路如图 2-13a 所示。一般情况下，逆变管（IGBT）损坏的原因，不外乎电压击穿和因电流过大而"烧坏"两种情形。绝大多数情况下，损坏后其正、反向都呈导通状态，且其正、反向电阻值要小于二极管正向导通时的电阻值。因此，可用万

用指针式万用表可以检测变频器三相整流桥中 6 个二极管的质量情况。如图 2-12 所示，万用表的黑表笔放在变频器一次回路接线端子的 R 端，红表笔放在变频器一次回路接线端子的 P + 上，由图 2-12a 可见，这样测量的是三相整流桥中二极管 VD1 的正向导通电阻，阻值应较小。交换红、黑两只表笔再次测量 R 和 P + 端的电阻，这是二极管 VD1 的反向电阻，阻值应很大。若测量结果如上所述，可认定二极管 VD1 完好。

用端子 P + 配合 R、S、T 三个端子可检测二极管 VD1、VD2、VD3 的好坏。用端子 N 配合 R、S、T 三个端子可检测二极管 VD4、VD5、VD6 的好坏。

测量前应检查变频器已与电源断开，且内部滤波电容器已经充分放电。

变频器中的逆变管 IGBT 若有损坏，绝大多数情况都是正、反向均呈近似短路的导通状态，且其正、反向电阻值要小于二极管正向导通时的电阻值。据此，可对逆变模块进行检测。如果逆变模块完好无损，其测量结果应与表2-14中记录相一致。

变频器中驱动模块的检测最好使用示波器。由于驱动模块的输出端与变频器的直流环节相连，而直流环节又与三相交流电源连接，如图2-14所示。因此，示波器和驱动模块的输出端之间应通过隔离器隔离。如无隔离器，至少也应将示波器的地端用电容器隔离，以确保示波器与测试人员的安全。

用表进行测量判断。测量方法如图2-13b所示。如果逆变模块完好无损，其测量结果应与表2-14中记录相一致。

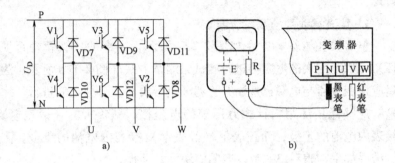

图 2-13　逆变模块的测量

表 2-14　逆变模块完好时的测量结果

逆变管符号	万用表表笔		测量结果	逆变管符号	万用表表笔		测量结果
	红表笔	黑表笔			红表笔	黑表笔	
V1	U	P	×	V4	U	N	√
	P	U	√		N	U	×
V3	V	P	×	V6	V	N	√
	P	V	√		N	V	×
V5	W	P	×	V2	W	N	√
	P	W	√		N	W	×

注：√表示导通，×表示不通。

3. 驱动模块的检测与诊断

检查驱动模块最好的方法是用示波器测量其输入端和输出端的波形。测量时必须注意：由于驱动模块的输出端与变频器的直流环节相连，而直流环节又与三相交流电源连接，如图2-14所示。当三相电源中任意一相（R、S、T）为"－"时，示波器的地端都将通过二极管和电源的相线相连，形成短路。因此，示波器和驱动模块的输出端之间应通过隔离器隔离。如无隔离器，至少也应将示波器的地端用电容器隔离，见图2-14。

2.7.4　变频器的维护

在根据上述故障分析逻辑图的判断或使用万用表、示波器检测并判明故障元件、部件时，如果确认现场的工具、仪表、材料足以

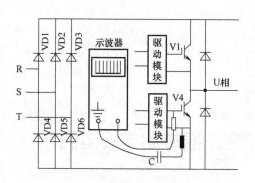

图 2-14 驱动模块的测量

支持开始维修时，即应尽快开始修理，保证设备能迅速恢复正常运行。否则应与制造商在当地的售后人员联系处理。下面以更换高压变频器功率单元为例，介绍其操作程序。

高压变频器的所有功率单元是完全相同的，为了加大电流容量，提高工作电压，通常采取并联、串联的方法。例如一台 10kV、560kW 变频器，使用 24 个功率单元。更换故障功率单元的操作程序如下：使变频器退出运行状态；切断输入变频器的高压电源；打开单元柜门，等待 5min 使电容器放电；拔掉故障单元上的所有光纤头；用扳手卸下故障单元的 3 根输入线和 2 根输出连线；拆下故障单元与轨道的固定螺钉；将故障单元沿轨道拔出；按与上述拆卸相反的顺序将备用单元装上并接线；系统重新上电投入运行。故障功率单元更换完毕，变频器重新投入运行后，即可考虑维修故障单元。毕竟这样的部件价格很贵，同时它的故障也不至于使其完全报废。可以与生产厂商联系，寻求支持，或直接交由厂商维修及测试。

变频器的维修维护前，应切断变频器的电源，并主动或等待足够时长让电容器等元件充分放电。要求维护人员应具有一定的技术素质，熟悉了解变频器的基本工作原理，经过专业培训并合格；会使用万用表、示波器、钳形电流表，有基本的装配工具和良好的焊接手艺；手头备有变频器和元器件的相关资料；有分析能力；能及时与制造商技术部门进行交流与沟通；维护前应认真阅读相关产品说明书，并熟悉各标志端子的功能。

变频器应用实战电路

本章内容从变频器的应用实战出发，对实现变频器功能的各种单元电路的结构、工作原理、参数设置等知识和操作技能进行剖析及介绍，并通过实例给出应用电路、参数设置表和使用注意事项等。

3.1 变频器中闭环控制功能的应用

PID 闭环控制功能是变频器应用技术的重要领域之一，也是变频器发挥其卓越效能的重要技术手段。变频调速产品的设计、运行、维护人员应该充分熟悉并掌握 PID 控制的基本理论、积累丰富的实践经验，为变频调速技术的推广应用做出贡献。

3.1.1 PID 控制的效能

在企业生产或某些运转着的系统装置中，往往需要有稳定的压力、温度、流量、液位或转速，以此作为保证产品的质量、提高生产效率、满足工艺要求的前提，这就要用到变频器的 PID 控制功能✍。

3.1.2 PID 控制的实现

1. 打开 PID 功能

要实现闭环的 PID 控制功能，首先应将 PID 功能预置为有效。具体方法有如下两种：一是通过变频器的功能参数码预置，例如康沃 CVF-G2 系列变频器，将参数 H-48 设为 "0" 时，则无 PID 功能；设为 "1" 时，为普通 PID 控制；设为 "2" 时为恒压供水 PID。二是由变频器的外接多功能端子的状态决定，例如安川 CI-MR-G7A 系列变频器，如图 3-1 所示，在多功能输入端子 S1 ~ S10 中任选一个，将功能码 H1-01 ~ H1-10（与端子 S1 ~ S10 相对应）

✍ 在一些控制要求不十分严格的系统中，有时仅使用 PI 控制功能、不启动 D 功能就能满足需要，这样的系统调试过程比较简单。

预置为"19"，则该端子即具有决定 PID 控制是否有效的功能，该端子与公共端子 SC"ON"时无效，"OFF"时有效。应注意的是，大部分变频器兼有上述两种预置方式，但有少数品牌的变频器只有其中的一种方式（另一个例子参见第 2.4 的内容）。

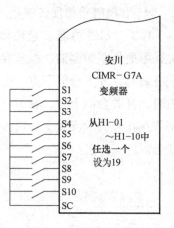

图 3-1　用端子决定
PID 功能有效

在一些控制要求不十分严格的系统中，有时仅使用 PI 控制功能、不启动 D 功能就能满足需要，这样的系统调试过程比较简单。

2. PID 的反馈逻辑

各种变频器的反馈逻辑称谓各不相同，甚至有类似的称谓而含义相反的情形🔖。系统设计时，应以所选用变频器的说明书介绍为准。第 2.4.4 节中对 PID 的反馈已做过讲解，读者可参考学习。几种变频器反馈逻辑的功能选择见表 3-1。

表 3-1　几种变频器反馈逻辑的功能选择

变频器型号	功能码	功能含义	数据码及含义
安川 CIMR-G7A	b5-09	选择 PID 的 正反特性	0：PID 输出为正特性（负反馈） 1：PID 输出为反特性（正反馈）
富士 P11S	H20	PID 模式	0：不动作 1：正动作（正反馈） 2：反动作（负反馈）
康沃 CVF-G2	H-51	反馈信号特性	0：正特性（正反馈） 1：逆特性（负反馈）
森兰 SB12	F51	反馈极性	0：正极性（负反馈） 1：负极性（正反馈）
创世 CSBG	P98	PID 控制模式	0：不动作 1：正动作 2：反动作
传动之星 P 系列	F0-092	变速器模式	0：正作用 1：反作用

📝 所谓反馈逻辑，是指被控物理量经传感器检测到的反馈信号对变频器输出频率的控制极性。

通俗地讲，被控物理量相同的一个反馈信号，可以使变频器的输出频率升高，也可以使变频器的输出频率降低。这种完全相反的控制结果，就是反馈逻辑确定的功能。

3. 目标信号与反馈信号

PID 控制的功能示意图如图 3-2 所示，图中有一个 PID 开关，可通过变频器的功能参数设置使 PID 功能有效或无效，PID 功能有效时，开关合向下方，由 PID 电路决定运行频率；PID 功能无效时，开关合向上方，由频率设定信号决定运行频率。PID 开关、动作选择开关和反馈信号切换开关均由功能参数的设置决定其工作状态。

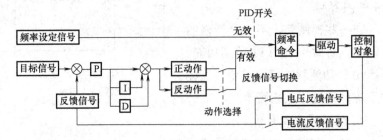

图 3-2　PID 控制的功能示意图

4. 目标值给定

如何将目标值（目标信号）的命令信息传送给变频器，各种变频器选择了不同的方法，而归结起来大体上有如下两种方案：一是自动转换法，即变频器预置 PID 功能有效时，其开环运行时的频率给定功能自动转为目标值给定，见表 3-2 中的安川 CIMR-G7A 与富士 P11S 变频器；二是通道选择法，见表 3-2 中的康沃 CVF-G2、森兰 SB12 和普传 PI7000 系列变频器。

表 3-2　几种变频器的目标值给定功能

变频器型号	功能码	功能含义	数据码及含义
安川 CIMR-G7A	b5-01 b1-01	选择 PID 功能是否有效	当通过 b5-01 选择 PID 功能有效时，b1-01 的各项频率给定通道均转为目标值输入通道
富士 P11S	H20	选择 PID 功能是否有效	当通过 H20 选择 PID 功能有效时，目标值即可按"F01 频率设定 1"选定的通道输入
康沃 CVF-G2	H-49	设定通道选择	0：面板电位器 1：面板数字设定 2：外部电压信号 1（0~10V） 3：外部电压信号 2（-10~10V） 4：外部电流信号 5：外部脉冲信号 6：RS-485 接口设定

（续）

变频器型号	功能码	功能含义	数据码及含义
森兰 SB12	F47	目标给定方式	0：面板给定 1：外部端子 VRF 给定 2：外部端子 IRF 给定
普传 PI7000	P03	给定信号选择	0：外接端子 I2：0～20mA 1：外接端子 I2：4～20mA 2：外接端子 V2：0～10V 3：键盘输入 4：RS-485 输入 5：键盘电位器给定

以上介绍了目标信号的输入通道，接着要确定目标值的大小。例如，某储气罐的空气压力要求稳定在 1.2MPa，压力传感器的量程为 2MPa，则与 1.2MPa 对应的百分数为 60%，目标值就是 60%。而有的变频器的参数列表中，有与传感器量程上下限值对应的参数，例如富士 P11S 变频器，将参数 E40（显示系数 A）设为"2"，即压力传感器的量程上限 2MPa；参数 E41（显示系数 B）设为"0"，即量程下限为"0"；则目标值为 1.2，即压力稳定值为 1.2MPa。目标值即是预期稳定值的绝对值。

5. 反馈信号的连接

各种变频器都有若干个频率给定输入端，在这些输入端子中，如果已经确定一个为目标信号的输入通道，则其他输入端子均可作为反馈信号的输入端。可通过相应的功能参数码选择其中的一个使用。比较典型的几种变频器反馈信号通道选择见表3-3。

表3-3 几种变频器反馈信号通道选择

变频器型号	功能码	功能含义	数据码及含义
康沃 CVF-G2	H-50	反馈通道选择	0：外部电压信号 1（0～10V） 1：电流输入 2：脉冲输入 3：外部电压信号 2（-10～10V）
森兰 SB12	F50	反馈方式	0：模拟电压 0～5V（0～10V） 1：模拟电流 0～20mA 2：模拟电压 1～5V（2～10V） 3：模拟电流 4～20mA
普传 PI7000	P02	反馈信号选择	0：外接端子 IF：0～20mA 1：外接端子 IF：4～20mA 2：外接端子 VF：0～10V 3：外接端子 VF：1～5V

由于目标信号和反馈信号可能不是同一种物理量，难以进行直接比较，所以，变频器的目标信号也可以用传感器量程的百分数来表示。

关于反馈信号的输入通道，可通过相应的功能参数码选择设定。

变频器都有若干个频率给定输入端，在这些输入端子中，如果已经确定一个为目标信号的输入通道，则其他输入端子均可通过参数设置的方法确定选择一个输入通道作为反馈信号的输入端。

（续）

变频器型号	功能码	功能含义	数据码及含义
瓦萨 CX	2.16	PI 控制器实际值输入	0：实际值 1 1：实际值 1 + 实际值 2 2：实际值 1 − 实际值 2 3：实际值 1 × 实际值 2
	2.17	实际值 1 的输入	0：无 1：电压输入 2：电流输入
	2.18	实际值 2 的输入	0：无 1：电压输入 2：电流输入

6. P、I、D 参数的预置与调整

（1）比例增益 P　变频器的 PID 功能是利用目标信号和反馈信号的差值来调节输出频率的，一方面，我们希望目标信号和反馈信号无限接近，即差值很小，从而满足调节的精度；另一方面，我们又希望调节信号具有一定的幅度，以保证调节的灵敏度。解决这一矛盾的方法就是事先将差值信号进行放大。比例增益 P 就是用来设置差值信号的放大系数的。任何一种变频器的参数 P 都给出一个可设置的数值范围，一般在初次调试时，P 可按中间偏大值预置，或者暂时默认出厂值，待设备运转时再按实际情况细调。

（2）积分时间 I　如上所述，比例增益 P 越大，调节灵敏度越高，但由于传动系统和控制电路都有惯性，调节结果达到最佳值时不能立即停止，导致"超调"，然后反过来调整，再次超调，形成振荡。为此引入积分环节 I，其效果是，使经过比例增益 P 放大后的差值信号在积分时间内逐渐增大（或减小），从而减缓其变化速度，防止振荡。但积分时间 I 太长，又会当反馈信号急剧变化时，被控物理量难以迅速恢复。因此，I 的取值与传动系统的时间常数有关：传动系统的时间常数较小时，积分时间应短些；传动系统的时间常数较大时，积分时间应长些。

（3）微分时间 D　微分时间 D 是根据差值信号变化的速率，提前给出一个相应的调节动作，从而缩短了调节时间，克服因积分时间过长而使恢复滞后的缺陷。D 的取值也与传动系统的时间常数有关：传动系统的时间常数较小时，微分时间应短些；反之，传动系统的时间常数较大时，微分时间应长些。

在变频器的闭环控制中，P、I、D 参数的预置是相辅相成的，因此调整应遵循一定的规则。比如，被控物理量在发生变化后难以恢复，首先加大比例增益 P，如果恢复仍较缓慢，可适当减小积分时间 I，还可加大微分时间 D；被控物理量在目标值附近振荡，则首先加大积分时间 I，如仍有振荡，可适当减小比例增益 P。

3.1.3 PID 应用实例

1. 项目描述

选用创世 CSBG 型变频器，并利用其 PID 功能对某办公楼中央空调的冷冻水循环系统进行自动控制。对于冷冻水循环系统的控制方式，有以下几种方案可供选择：一是恒温差控制，就是以回水温度和出水温度之差作为控制依据，利用温差控制器的 PID 功能，输出变频器的频率给定信号，这种方案无须启用变频器的 PID 功能；二是恒压差控制，即根据冷冻水泵的出水压力和进水压力之差进行控制；三是恒温度控制。如果冷冻主机的出水温度比较稳定，只要测量系统的回水温度，利用变频器的 PID 功能，即可实现与恒温差控制相同的控制效果。本实例选用的就是这种方案，应用于夏天制冷。

2. 应用电路

应用电路如图 3-3 所示。图中的变频器为创世 CSBG 型、规格为 30kW 的产品，其参数设置见表 3-4。设置时首先通过 P126（见表 3-4）使所有参数恢复出厂值，这样做的好处是，尽管该变频器的参数有一百多个，但有相当一部分在本实例中并无实际意义；而有用的参数又有一部分可以默认使用出厂值，这使得参数设置变得相对简单。参数 P98 的设置（见表 3-4）使 PID 功能有效，反馈逻辑为正动作。创世变频器有专用的反馈信号输入通道，即 PID/FB1 和 GND 端子（见图

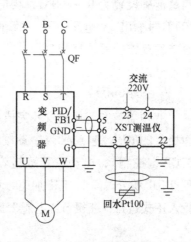

图 3-3 中央空调系统的恒温控制

3-3)，由参数 P99 设定反馈信号为电压输入 0~5V。目标信号由参数 P03 设定，由于参数 P103 和 P104 已设定了温度传感器的量程上限和下限，所以这里可设定回水期望的温度绝对值，具体数值，可比出水温度高 5~10℃，根据空调房间的降温要求确定。冷冻水循环水泵在运行中不允许停机，所以对参数 P16 和 P105 进行了设置。变频器的其他有效应用参数在表 3-4 中没有列出，默认使用出厂值 。

这里介绍的应用案例使用了 PID 控制功能。如图 3-3 和表 3-4 所示，将参数 P98（PID 控制模式）设置为 1，使 PID 功能有效，同时将反馈逻辑确定为正动作。参数 P103 和 P104 分别设置为 100℃和 0℃，规定了 PID 显示数据的最大值和最小值。参数 P03 设置目标温度值，例如 23℃。参数 P99 设置为 0，设定了反馈信号为电压输入 0~5V。该应用案例中使用的变频器有专用的反馈信号输入通道，即 PID/FB1 和 GND 端子（见图 3-3）。参数 P105 设置为 1，其意义在于频率降至下限频率时维持运转，当然下限频率运行的水泵电动机不至于使房间温度过高而处于温度失控状态，而是在必要时还须提高运行频率才

能保证室内温度保持在目标温度值。将配套温度仪表的温度测量范围设置为 0 ~ 100℃，相应的输出信号为 0 ~5V，这与参数 P99 设定的反馈信号选择相吻合。

以上参数设置完毕系统开始运行初期，根据温度控制效果适当调整 P、I、D 的参数值，即可使房间温度稳定在设定的目标温度值。

⏻ 电动机拖动具有位能的负载，或者变频器加到电动机上的频率快速降低时，电动机的实际转速可能超过其同步转速，这时电动机将由电动状态转换为发电状态，导致直流电路的滤波电容器 C 上的电压 U_D 增高（参见图3-4），从而产生过电压。为了保护变频器自身的安全，必须配接制动单元和制动电阻，将滤波电容器 C 上多余的电荷释放掉。

表 3-4 实例中变频器参数的设置

参数码	名 称	出厂值	设定值	注 释
P126	数据保护选择	0	2	恢复出厂值
P00	运转指令选择	0	0	RUN/STOP 面板控制
P03	设定频率	0.00	××	目标信号，×× 为回水管温度设定值
P16	下限频率	0.00	20	水泵最低运转频率
P98	PID 控制模式	0	1	PID 正动作
P99	PID 反馈信号选择	0	0	电压输入 0 ~5V
P100	比例增益 P	50	50	比例增益 P 可选范围的中间值
P101	积分时间	1	1	1s 时间
P103	PID 显示数据最大值	1.0	100	温度传感器量程上限
P104	PID 显示数据最小值	0.0	0	温度传感器量程下限
P105	下限频率模式	0	1	频率降至下限时维持运转

测温仪为厦门恩莱公司的 XST 型自动化仪表，将仪表的温度测量范围设置为 0 ~ 100℃，相应的输出信号为 0 ~ 5V，即温度为 100℃时输出 5V 电压信号，0℃时输出 0V 电压信号，这与参数 P99 设定的反馈信号选择相吻合。这个测温输出信号就是对变频器的反馈信号。

3. 应用效果

变频器与空调系统安装完成后，通电进行试运行，按下变频器面板上的 RUN 键（表3-4中参数 P00 将运转指令选择为面板 RUN/STOP 键控制），电动机开始起动运转，之后对参数 P100 比例增益 P、P101 积分时间 I、P21 加速时间、P22 减速时间等进行适当调整，投入正式运行，获得节约电能 25% 与房间温度稳定的良好效果。

3.2 变频器的制动电阻与制动单元

变频器在运行中有时起动和制动比较频繁，有时要求快速制动，有时拖动具有位能的负载，例如起重机械在降落时制动，这将导致直流电路的电压 U_D 增高，从而产生过电压，因此必须配接制动电阻，将滤波电容器 C 上多余的电荷释放掉⏻。

3.2.1 制动电路的工作原理

如图 3-4 所示，图中 DR 是制动电阻，V 是制动单元。制动单元是一个控制开关，当直流电路的电压 U_D 增高到一定限值时，开关接通，将制动电阻并联到电容器 C 两端，泄放电容器上存储的过多电荷。其控制原理如图 3-5 点划线框内电路所示。电压比较器的反向输入端接一个稳定的基准电压，而正向输入端则通过电阻 R1 和 R2 对直流电路电压 U_D 取样，当 U_D 数值超过一定限值时，正向端电压超过反向端，电压比较器的输出端为高电平，经驱动电路使 IGBT 导通，制动电阻开始放电。当 U_D 电压数值在正常范围时，IGBT 截止，制动电阻退出工作 。

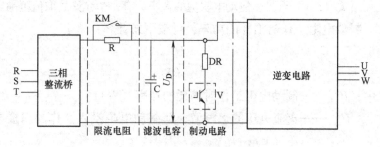

图 3-4   变频器的制动电路

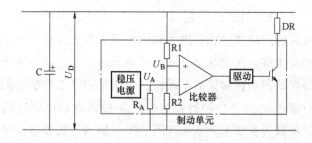

图 3-5   制动单元

IGBT 是一种新型电力半导体器件，它兼有场效应晶体管输入阻抗高、驱动电流小和双极型晶体管增益高、工作电流大和工作电压高的优点，在变频器中被普遍使用，除了制动电路外，其逆变电路中的开关管几乎清一色地选用 IGBT。

图 3-4 中的电阻 R 是限流电阻，可以限制开机瞬间电容器 C 较大的充电涌流。适当延时后，交流接触器 KM 触点接通，将电阻 R 短路。有的变频器在这里使用一只晶闸管，作用与此类似。

3.2.2   制动电阻的阻值和功率

准确计算制动电阻值的方法比较麻烦，必要性也不大。作为一种选配件，各变频器的制造厂家推荐的制动电阻规格也不是很严

控制制动电阻 DR 是否与电容器 C 并联并泄放电能的是电子开关 IGBT。IGBT 的导通则受控于电压比较器，当电压比较器正输入端经分压器检测到电容器两端的电压超过危险阈值（负输入端稳压电源的输出电压 U_A）时，电压比较器的输出端电位变高，最终使 IGBT 导通，制动电阻 DR 得以泄放电能。当 U_D 值在正常范围以内时，IGBT 截止关断。

格，而为了减少制动电阻的规格档次，常常对若干种相邻容量规格的电动机推荐相同阻值的制动电阻。取值范围如下：

$$DR = \frac{2.5U_{\text{DH}}}{I_{\text{MN}}} \sim \frac{U_{\text{DH}}}{I_{\text{MN}}} \qquad (3\text{-}1)$$

式中　DR——制动电阻的阻值（Ω）；

　　　U_{DH}——直流电压的上限值，即制动电阻投入工作的门槛电压（V）；

　　　I_{MN}——电动机的额定电流（A）。

由式（3-1）可见，制动电阻值的大小，有一个允许的取值范围。

制动电阻工作时消耗的功率，可按下式计算：

$$P_{\text{DR}} = \frac{U_{\text{DH}}^2}{DR} \qquad (3\text{-}2)$$

式中　P_{DR}——制动电阻工作时消耗的功率（W）；

　　　U_{DH}——直流电压的上限值，即制动电阻投入工作的门槛电压（V）；

　　　DR——制动电阻的阻值（Ω）。

由式（3-2）计算出的制动电阻功率值是假定其持续工作时的值，但实际情况绝非如此，因为制动电阻只有变频器和电动机在停机或制动时才进入工作状态，而有的电动机甚至连续多天运行都不停机，即便是制动较频繁的电动机，它也是间断工作的，因此，式（3-2）计算出的结果应进行适当修正，根据电动机制动的频繁程度，修正系数可在 0.15～0.4 之间选择。制动频繁或电动机功率较大时，取值大些；很少制动或电动机功率较小时，取值小些。

变频器说明书中都会推荐不同功率电动机应该选择的制动电阻规格，一般情况下选用推荐规格是没有问题的。但是，生产机械的运行状况千变万化，推荐值对一种具体应用来说，不一定是最佳值。运行中若有异常，可根据上述原则进行适当调整。

3.2.3　制动电路异常时的处理

1）电动机刚开机，制动电阻就发烫。因为刚开机时，直流电路的电压不会偏高，制动电阻不应该通电，也不会发热。出现这种情况应认定是制动单元已经损坏，可能内部的 IGBT 已经击穿，或者控制电路异常，使 IGBT 误导通了。

2）制动单元出现故障损坏，采购配件需要时日，为了尽量减少停产损失，可采取如下应急措施：制动单元是制动电阻的控制开关，如果制动单元出现故障，可临时用一只三相交流接触器代替。变频器直流电路的电压约为电源电压的 $\sqrt{2}$ 倍，即 $\sqrt{2} \times 380\text{V} = 537\text{V}$，从承受电压和灭弧的角度考虑，应将接触器的三个主触头串联起来，控制制动电阻的接入与否✍。

3.3　变频器功率因数的改善

变频器运行时其输入侧的功率因数一般较低，通常都要采取一些措施予以改善。

3.3.1　变频器的无功功率与功率因数

变频器输入侧功率因数偏低的原因，与工频电动机的运行功率因数低有着重要的区别。后者由于电动机是感性负载，运行电流的相位滞后于电压，功率因数的高低取决于电流与电压之间的相位关系，如图 3-6 所示。而前者功率因数低是由其电路结构造成的。变频器通常是"交-直-交"式结构，即三相交流电源经三相整流桥和滤波电容器变为直流，再经控制电路和 IGBT 转换为频率可调的交流电。在整流过程中，如图 3-7 所示，只有当交流电源的瞬时值大于直流电压 U_D 时，整流二极管才会导通，整流桥中才有充电电流，显然，充电电流总是出现在电源峰值附近的有限时间内，呈不连续的脉冲波形。

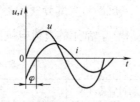

图 3-6　电压与电流的相位关系

这种非正弦波具有很强的高次谐波成分。高次谐波的瞬时功率一部分为"＋"，另一部分为"－"，属于无功功率。这种无功功率使得变频调速系统的功率因数较低，为 0.7 ~ 0.75。

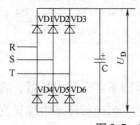

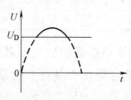

图 3-7　整流波形

✍接触器线圈是否通电，可由下述方法之一控制：

1. 对于一般生产机械，或频繁起动、制动的生产设备，由停机按钮中闲置的常开触点控制交流接触器线圈的通、断电，每当生产设备停机时，制动电阻就通过交流接触器的主触点处于放电状态，停机按钮按压的持续时间就是制动电阻的放电时间。

2. 对于起重机械，可由控制吊钩下行的接触器的辅助触点进行控制，这样，每次吊钩向下运行时，制动电阻同样处于放电状态。

3.3.2　提高功率因数的措施

变频器输入侧功率因数较低的原因，不是电流波形滞后于电压，而是高次谐波电流造成的，所以不能通过并联补偿电容器来提高功率因数，而应设法减小高次谐波电流，具体措施就是接入电抗器，如图3-8所示。直流电抗器除了提高功率因数外，还能限制接通电源瞬间的充电涌流。另外，不允许在变频器输出端，即与电动机的连接端并接电容器。因为变频器输出的

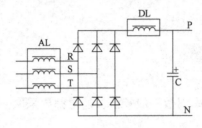

图3-8　接入电抗器 AL 和 DL

所谓正弦波，实际上是脉冲宽度和占空比的大小按正弦规律分布的脉宽调制波，这个脉冲序列是变频器中 IGBT 不断交替导通形成的，如果在输出端接入电容器，则逆变管在交替导通过程中，不但要向电动机提供电流，又增加了电容器的充电电流和放电电流，会导致 IGBT 损坏。

3.3.3　电抗器的选用

电抗器对大部分变频器来说不是标准配置，是选配件。应根据需要选用。常用的直流电抗器规格见表3-5，交流电抗器规格见表3-6。

表3-5　常用的直流电抗器规格

电动机容量/kW	30	37～55	75～90	110～132	160～200	220
允许电流/A	75	150	220	280	370	560
电感量/μH	600	300	200	140	110	70

表3-6　常用交流电抗器规格

电动机容量/kW	30	37	45	55	75	90	110	132	160	200
允许电流/A	60	75	90	110	150	170	210	250	300	380
电感量/mH	0.32	0.26	0.21	0.18	0.13	0.11	0.09	0.08	0.06	0.05

3.3.4　交流电抗器的相关应用

有时为了降低设备投资的成本而不接交流电抗器，容忍变频调速系统在低功率因数下运行。但在下列运行环境中连接交流电抗器则是必须的。

左侧栏：

提高变频器输入侧功率因数可以采用的方法是如图3-8那样，在三相电源与整流桥之间接入交流电抗器 AL，在整流桥与滤波电容器之间接入直流电抗器 DL。使用其中一种电抗器就有明显效果，两种共同使用可将功率因数提高到 0.95 以上。

变频器运行中如果需要配置电抗器，应考虑变频器驱动的电动机的功率，以及电抗器线圈允许通过的电流值，以确保电抗器的运行安全。因为电抗器一旦接入电路，就处于持续通电工作的状态。

1）与变频器在同一供电系统中的电子设备较多，变频器的高次谐波影响电子设备正常工作，这时应在变频器输入侧连接交流电抗器，同时用1000V、100～220nF的电容器进行滤波，尽量减小谐波的干扰，如图3-9所示。

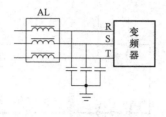

图3-9　电抗器、滤波电容的连接

2）同一供电系统中有容量较大的晶闸管设备，由于晶闸管设备也会导致电压波形的畸变，与变频器相互产生影响，因此，两种设备的输入端都应接入交流电抗器。

3）多台变频器运行于同一供电系统中，除了变频器之间互相影响外，还会导致相邻设备工作失常，这时每台变频器输入端都应接入交流电抗器。

3.4　变频器的多档频率运行实例

许多电力拖动设备需要根据运行状态随时调整运行频率，例如，电梯先以低速起动，稍后转为高速上升（或下降），将要到达停靠楼层时，再次变为低速，最后停止。变频器的多档频率控制能够方便地实现这些功能。本文通过应用实例介绍多档频率控制的相关电路和参数设置方法。

3.4.1　如何实现多档频率控制

要实现多档频率控制（多段速控制），必须预置与多档频率控制相关的功能参数，直白地说，就是将多档频率控制的指令传送给变频器的CPU。实现多档频率控制的过程，就是CPU执行相关指令的过程。

首先要通过功能参数预置，将变频器外接多功能控制端子（各种变频器都有若干个多功能端子，例如，富士G11S变频器中的X1～X9）中的2～4个（依频率档次的多少确定）指定为多档频率（转速）控制端[注]。被指定的每一个控制端与公共端CM之间各连接一个开关（例如继电器的触点），如图3-10所示。转速的切换由指定控制端上外接开关的通断状态及其组合来实现。图3-10所示为指定了2个多段速控制端的示意图，每个继电器触点的通断状态对应着2位二进制数中的一个位，开关闭合（on）相应位为

以使用富士G11S变频器为例，将其编号为X1、X2的2个二次回路端子指定为多档频率（转速）控制端。被指定的每一个控制端与公共端CM之间各连接一个开关（例如继电器的触点），这两个开关或触点按照二进制的规则，可以组合成00、01、10、11共4种状态，即可设定4个频率（转速）档次。

由于有控制命令与无控制命令时均可能出现00状态，所以通常2位二进制模式只用来最多控制3个频率（转速）的运行。

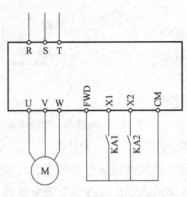

图 3-10　多段速的设置

1，开关断开（off）相应位为 0。图中两个开关均断开，即这个二进制数为 00。参数预置还要确定每个多功能控制端子连接的开关对应着二进制数中的哪一位。例如，富士 G11S 变频器可将参数 E01 预置为 0，把端子 X1 指定为 2 位二进制数中的低位 SS1；将参数 E02 预置为 1，把端子 X2 指定为 2 位二进制数中的高位 SS2。开关的通断状态及其组合对应的频率（转速）档次见表 3-7。图 3-10 中端子 FWD 与 CM 连接表示各种转速均为正转。由表 3-7 可见，富士 G11S 变频器通过功能参数预置指定 2 个多功能控制端了为多档频率（转速）控制端时，共可设定 4 个频率（转速）档次。

表 3-7　频率档次的选择

指定接点输入信号组合		相应的二进制数	选择的频率档次
1（SS2）	0（SS1）		
off	off	00	1
off	on	01	2
on	off	10	3
on	on	11	4

　　接着预置各档转速对应的工作频率，运行时间长短以及加速时间或减速时间。

　　例如，富士 G11S 变频器通过 C05～C08 功能参数预置各档（4 档）转速对应的频率，这时对于外接端子控制应用，可由 PLC 或上位机给出频率选择命令，即选择性接通、断开图 3-10 中 KA1～KA2 的触点，即可改变运行频率并确定运行时间（触点状态转换即意味着上一个转速段时间结束）。加/减速时间则执行参数 F07（加速时间 1）和参数 F08（减速时间 1）设定的数值。对于程序控制的应用，可通过参数 C22～C25 设定每个转速档次的运行时间，旋转方向和加/减速时间。如将 C22 设定为 100F2，指令含义为转速档次 1 的运行时间为 100s（含加速时间），F 指定旋转方向为正转，2 指定加速时间为参数 E10 设定的加速时间 2。

康沃 CVF-G2 系列变频器可通过参数 L-18 ~ L-32 预置各档（15 档）转速对应的频率。安川 CIMR-G7A 系列变频器可通过参数 d1-01 ~ d1-08 预置各档（8 档）转速对应的频率。

变频器的多档频率控制（多段速控制）有外接端子控制和程序控制两种方式，每种控制方式需要设定的参数略有不同，下面通过一个实例给以介绍。

3.4.2　多档频率运行的实例

一台搅拌机的运转控制要求是：开机首先以 40Hz 的频率正转 10min，再以 30Hz 频率反转运行 8min，每次改变运转方向时应先将频率降至 8Hz 运行 1min，停止运行 1min，如此反复循环直至按下停止按钮。

对于这种多档转速运行要求，如果选用富士 G11S 变频器，可有两种控制方案。一种是多功能端子控制法，即如上所述，首先指定几个多功能端子用作多段速端子，接着预置各档转速对应的工作频率，如表 3-8 所示。每档转速的运行时间在 PLC 或上位机上按照搅拌机的运转控制要求设定。设置完成后即可通过 PLC 或上位机控制运行。由于搅拌机对加/减速时间没有提出要求，所以可以使用变频器默认的加/减速时间参数 F07（加速时间 1）和参数 F08（减速时间 1）设定的数值。这种方案的优点是需要设置的参数数量较少，相对比较简单。

表 3-8　外接端子控制的多段速运行功能参数设置

参数码	参数名称	预置值	说　　明
E01	端子 X1 功能设定	0	将端子 X1 功能设定为多段速二进制码的低位 SS1
E02	端子 X2 功能设定	1	将端子 X2 功能设定为多段速二进制码的中位 SS2
E03	端子 X3 功能设定	2	将端子 X3 功能设定为多段速二进制码的高位 SS4
C05	转速档次 1	40	第 1 档转速对应的频率是 40Hz
C06	转速档次 2	8	第 2 档转速对应的频率是 8Hz
C07	转速档次 3	0	第 3 档转速对应的频率是 0Hz
C08	转速档次 4	30	第 4 档转速对应的频率是 30Hz
C09	转速档次 5	8	第 5 档转速对应的频率是 8Hz
C10	转速档次 6	0	第 6 档转速对应的频率是 0Hz

这里介绍的多档频率运行的方案，可以直接拿来使用。

实现多档频率运行，此处给出了两种方案，都给出了设计思想和参数设置的具体数据。当然可以根据自己工程现场的情况对某些参数的参数值给以适当修改。

第二种方案是程序控制法。这种方案适用于转速转换顺序固定的单循环或无限反复循环的运行场合。下面仍以富士 G11S 系列变频器为例给以介绍。

根据运行要求，作出运行程序图如图 3-11 所示。

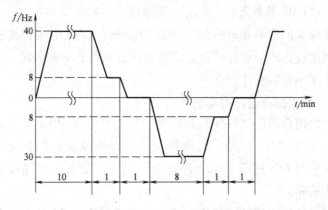

图 3-11　多段速运行程序图

转速档次 1：加速时间设定为 30s；运行频率设定为 40Hz；运行时间（包括加速时间）设定为正转 10min。

转速档次 2：减速时间设定为 25s；运行频率设定为 8Hz；运行时间（包括减速时间）设定为正转 1min。

转速档次 3：减速时间设定为 20s；运行频率设定为 0Hz；运行时间（包括减速时间）设定为正转 1min。

转速档次 4：加速时间设定为 28s；运行频率设定为 30Hz；运行时间（包括加速时间）设定为反转 8min。

转速档次 5：减速时间设定为 20s；运行频率设定为 8Hz；运行时间（包括减速时间）设定为反转 1min。

转速档次 6：减速时间设定为 20s；运行频率设定为 0Hz；运行时间（包括减速时间）设定为反转 1min。

相关功能参数设定见表 3-9。

表 3-9　程序控制的多段速运行功能参数设置

参数码	参数名称	预置值	说　明
E10	加速时间 2	30.0	加速时间 2 设定为 30s
E11	减速时间 2	25.0	减速时间 2 设定为 25s
E12	加速时间 3	28.0	加速时间 3 设定为 28s

多段速运行时，最多可以设置 15 个段速，而变频器不一定能保证给每一个段速都设置一个自己专用的加减速时间，所以应根据具体情况，在可设置的加减速时间中，选择适合每个段速运行的加减速时间。

（续）

参数码	参数名称	预置值	说　　明
E13	减速时间 3	20.0	减速时间 3 设定为 20s
C05	转速档次 1	40	第 1 档转速对应的频率是 40Hz
C06	转速档次 2	8	第 2 档转速对应的频率是 8Hz
C07	转速档次 3	0	第 3 档转速对应的频率是 0Hz
C08	转速档次 4	30	第 4 档转速对应的频率是 30Hz
C09	转速档次 5	8	第 5 档转速对应的频率是 8Hz
C10	转速档次 6	0	第 6 档转速对应的频率是 0Hz
C21	运行方式	1	反复循环,有停止命令输入时即刻停止
F01	频率设定 1	10	多段速设定为程序运行
C22	1 档运行参数	600F2	1 档运行 600s,正转,加速时间执行 E10 设定
C23	2 档运行参数	60.0F2	2 档运行 60s,正转,减速时间执行 E11 设定
C24	3 档运行参数	60.0F3	3 档运行 60s,按 E13 设定减速至 0Hz
C25	4 档运行参数	480R3	4 档运行 480s,反转,加速时间执行 E12 设定
C26	5 档运行参数	60.0R3	5 档运行 60s,反转,减速时间执行 E13 设定
C27	6 档运行参数	60.0R3	6 档运行 60s,按 E13 设定减速至 0Hz

这里要注意：参数 C22 和 C23 预置值中的末尾数字 2，它是选择加速或减速时间的，刚开机或由某频率向更高同转向频率换档时，选择加速时间；向相反转向换档，或者向更低频率换档，则变频器自动选用减速时间。所以参数 C22 预置值中的 “2” 规定了 1 档转速为加速时间；而参数 C23 预置值中的 “2” 规定了 2 档转速为减速时间。另外，加、减速时间和各档转速运行时间的预置值应为 3 位数，例如，30 秒应设置 30.0，不能设置为 30。如果设置为 4 位数，则变频器仍然只读取前 3 位，然后乘以 10。

3.5　变频器的频率检测

各种品牌型号的变频器，包括国际品牌和国产品牌，都有自己的频率检测功能。正确使用这些功能，可使变频器的控制更加灵活方便。

3.5.1　频率检测功能简介

归纳起来，变频器的检测频率有两种类型☑，一种是检测由给定信号设定的输出频率，当输出频率达到设定频率值时，由相应输出端给出一个动作信号。这种检测无须专用的参数码去设定检测频

一种情况是检测由给定信号设定的输出频率；另一种情况是检测由参数任意设定的频率。

率，当运行频率由某参数码设定后，自动成为这种检测的阈值。另一种是检测任意设定的频率，由于该检测值可任意设定，所以有的变频器参数表中给出检测频率 1 和检测频率 2 共两个频率检测点，如图 3-14 所示。当输出频率达到或超过检测频率时，也由相应输出端给出一个动作信号。这里所说的动作信号，一般由变频器的集电极开路输出端子给出。这种端子的电气参数典型值，电压为 24V，电流为 50mA。内部结构及外部应用电路示例如图 3-12 和图 3-13 所示。图 3-12 使用外部直流电源驱动继电器，继电器线圈两端须连接续流二极管 VD；图 3-13 使用变频器内部电源驱动继电器，由于内部已有二极管，外部无须再用。变频器内部电源容量有限，当该类端子使用不止一个时，最好选用外部电源。变频器一般有多个集电极开路输出端子，分别标记为 OC1、OC2 等，而有的变频器则标记为 Y1、Y2 等。

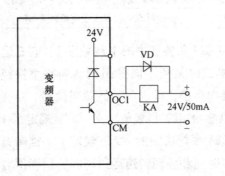

图 3-12　频率检测动作
信号接线一

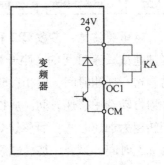

图 3-13　频率检测动作
信号接线二

变频器在进行频率检测时，通常设定一个正负双向检测范围或单向检测滞后值，输出频率在该范围内小幅度变化时，相应端子输出的信号稳定不变，如图 3-14 所示。图中频率检测信号为"ON"状态时，相当于图 3-12 和图 3-13 中的 OC1 端为低电平，继电器得电吸合。应该说明，各种变频器的类似名称参数码，其实际控制功能可能不同，或有一定差异，具体应用时应以变频器说明书的介绍为准。

3.5.2　频率检测的功能参数

实现变频器的频率检测，必须对相关功能参数进行设置。各种品牌、型号变频器提供的参数码不尽相同。功能说明也各有差异，但其基本功能是类似的。表 3-10 列出了几种变频器的频率检测功

旁注： 当变频器的输出频率达到检测频率时，一般由变频器的集电极开路输出端子给出一个动作信号，如图 3-12 和图 3-13 所示。在图 3-12 中，检测频率到达时，变频器内部的晶体管饱和导通，继电器 KA 的线圈由外部的 24V 电源供电动作；而图 3-13 则使用变频器内部的 24V 电源使继电器线圈得电动作。

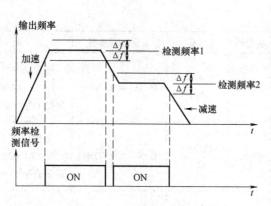

图 3-14 频率检测的范围

能参数及说明供参考。

表 3-10 几种变频器的频率检测功能参数

变频器型号	参数码	名称	设定值或范围	说 明
普传 PI7000	o13	输出信号选择 1	14	将集电极开路输出端输出信号 1 设定为 FDT 频率设定 1 的响应端
	o14	输出信号选择 2	15	首先检测〔F58〕,到达或超过时输出信号 2 端动作,之后检测〔F59〕,低于〔F59〕时解除动作
	F58	FDT 频率设定 1	〔F59〕~最大频率	输出频率达到或超过〔F58〕时,相应端子动作,低于〔F58〕时不动作
	F59	FDT 频率设定 2	0.00 ~〔F58〕	输出频率达到或超过〔F58〕时,相应端子动作,低于〔F59〕时不动作
	F60	频率检测幅度	0.00 ~ 5.00Hz	定义频率检测的幅度
富士 G11S/P11S	E30	FAR 幅值	0.00 ~ 10.0Hz	该参数调整输出频率达到设定频率值时的检测幅值,进入幅值内时动作
	E31	FDT1 频率	0 ~ 400Hz/120Hz	输出频率超过设定的 FDT1 频率值时,相应端子有信号输出
	E32	FDT 滞后值	0.0 ~ 30.0Hz	FDT 频率检测的滞后值,即检测幅度,适用于参数 E31 和 E36
	E36	FDT2 频率	0 ~ 400Hz/120Hz	输出频率超过设定的 FDT2 频率值时,相应端子有信号输出

（续）

变频器型号	参数码	名称	设定值或范围	说　明
海利普 HOLIP	CD061	频率一致1	0.00～400.00Hz	输出频率大于一致频率一时，在〔CD063〕范围内相应端子有信号输出
	CD062	频率一致2	0.00～400.00Hz	输出频率大于一致频率二时，在〔CD063〕范围内相应端子有信号输出
	CD063	频率一致范围设定	0.10～10.00Hz	一致频率的检测范围
华科 HI3 系列	F160	开路集电极输出方式	Run/Arr/o.L.Ar	该参数选择"Run"时，开路集电极输出运转频率信号
	F161	运转信号频率	0.01～最高频率	设定运转信号频率，超过时开踏集电极有输山
创世 CSBG 系列	P32	多功能输出Y1	0～4	设定为"2"时，输出频率达到〔P34〕并在〔P35〕范围内，Y1有输出
	P33	多功能输出Y2	0～4	设定为"2"时，输出频率达到〔P34〕并在〔P35〕范围内，Y2有输出
	P34	任意频率到达检测	0.00～200.00Hz	输出频率达到〔P34〕时，开路集电极输出端有输出
	P35	频率到达检测范围	0.00～10.0Hz	频率到达检测范围
博世力士乐 CVF-G3/P3	b-15	OC1输出设定	0～17	设为"1"时输出频率到达信号，设为"2"时输出频率水平检测信号（FDT）
	b-16	OC2输出设定	0～17	设为"1"时输出频率到达信号，设为"2"时输出频率水平检测信号（FDT）
	L-58	频率到达检出幅度	0.00～20.00Hz	频率到达检测幅度

（续）

变频器型号	参数码	名称	设定值或范围	说　明
森兰 SB12 系列	F30	频率到达宽度	0.00～10.0Hz	到达设定频率的正负检测宽度,进入检测范围时相应端子有输出
	F31	检出频率 1	0.10～120.0Hz	输出频率达到设定的检出频率 1 时,相应端子有输出
	F32	检出频率 1 宽度	0.00～10.0Hz	相应端子有输出对应的频率宽度
	F80	检出频率"2"	0.10～120.0Hz	输出频率达到设定的检出频率"2"时,相应端子有输出
	F81	检出频率"2"宽度	0.00～10.0Hz	相应端子有输出对应的频率宽度

注：〔F59〕表示参数 F59 的设定值；表中其他将参数码置于方括号内的，含义与此相同。

3.5.3　频率检测的应用实例

搅拌机与传输带间联动，要求传输带工作频率大于 35Hz 时，搅拌机才能起动，如传输带工作频率小于 30Hz，搅拌机必须停机☑。选用富士 G11S 变频器。

搅拌机与传输带的相关应用电路如图 3-15 所示。其中 KA 是中间继电器，它的常开触点闭合时变频器 2 开机正转运行，断开时停止。

根据控制要求，对两台变频器进行参数设置，其中直接与上述控制要求相关的参数设置见表 3-11。

由表 3-11 可见，变频器 1 将集电极开路输出端子 Y1 设为频率检测信号输出端，当输出频率达到或超过参数 E31 设定的 35Hz 时，端子 Y1 变为低电平，继电器 KA 线圈得电吸合，其常开触点闭合，变频器 2 的 FWD 与 CM 端接通从而开始运行。变频器 1 的输出频率如果下降到（〔E31〕-〔E32〕= 35 - 5 = 30）Hz 时，端子 Y1 变为高电平，继电器 KA 释放，变频器 2 停止运行。这种效果已经满

☑ 这个频率检测应用实例虽然简单，但实用性很强。

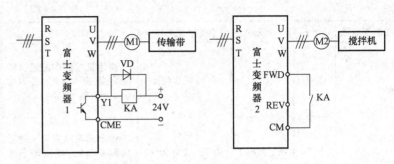

图 3-15　频率检测应用实例

足了应用实例的控制要求。

表 3-11　应用实例参数设置

变频器	参数码	名称	设定值	说　　明
1	E20	频率检测（FDT）	2	将集电极开路输出端子 Y1 设为频率检测信号输出端
	E31	频率检测 1	35	输出频率达到或超过 35Hz 时，端子 Y1 变为低电平
	E32	频率检测滞后值	5	输出频率比〔E31〕低 5Hz 或更多，端子 Y1 变为高电平
2	F02	运行操作	1	由外部端子 FWD、REV 输入运行命令

注：〔E31〕表示参数 E31 的设定值。

3.6　变频器的跳跃频率

变频器有一组功能参数称作跳跃频率（回避频率）及跳跃频率幅度。顾名思义，变频器的输出频率在接近这些频率点时应绕过、跳跃过去。

3.6.1　跳跃频率

任何机械设备都有自己的固有谐振频率，当变频器的输出频率与机械设备的固有谐振频率相同或相近时，机械设备将会产生较强的振动，影响设备正常运行，情况严重时还会导致设备损坏。变频器的这组功能参数就是为解决这个问题而设置的。表 3-12 列出了几种变频器的频率跳跃功能参数，供参考。

（侧栏）变频器的跳跃频率是为了让变频器的输出频率绕过机械设备自己的固有谐振频率，防止机械设备产生较强的机械振动，保障设备安全。

跳跃频率也称回避频率。一般变频器至少有一个跳跃频率，而多数变频器有两个或三个跳跃频率。

表 3-12　几种变频器的频率跳跃功能参数

变频器型号	参数码	名称	设定范围	说　　明
森兰 SB12 系列	F14	回避频率 1	0.00～120.0Hz	设置回避频率 1
	F15	回避频率 2		设置回避频率 2
	F16	回避频率 3		设置回避频率 3
	F17	回避频率范围	0.00～10.00Hz	设置回避频率范围,实际是〔F17〕的 2 倍,在回避频率点上下各半
富士 G11S/ P11S 系列	C01	跳跃频率 1	G11S:0～400Hz P11S:0～120Hz	设置跳跃频率 1
	C02	跳跃频率 2		设置跳跃频率 2
	C03	跳跃频率 3		设置跳跃频率 3
	C04	跳跃幅值	0～30Hz	设定跳跃频率的幅值
普传 PI7000 系列	F37	回避频率 1	0.00～最大频率	设置回避频率 1,加减速时输出频率可正常穿越回避频率区
	F38	回避频率 2		设置回避频率 2,加减速时输出频率可正常穿越回避频率区
	F39	回避频率 3		设置回避频率 3,加减速时输出频率可正常穿越回避频率区
	F40	回避频率范围	0.00～5.00/50.0	以回避频率为基准向上和向下回避的频率范围
海利普 HOLIP	CD044	跳跃频率 1	0.00～400.00Hz	设置跳跃频率 1
	CD045	跳跃频率 2		设置跳跃频率 2
	CD046	跳跃频率 3		设置跳跃频率 3
	CD047	跳跃频率范围	0.10～2.00Hz	实际跳跃频率是〔CD047〕的 2 倍,〔CD047〕=0 时,所有跳跃频率无效
华科 HI3 系列	F156	跳跃频率 1	0.00～最高频率	设置跳跃频率 1,在 3 个跳跃频率中,其频率值应最小
	F157	跳跃频率 2		设置跳跃频率 2,在 3 个跳跃频率中,其频率值应居中
	F158	跳跃频率 3		设置跳跃频率 3,在 3 个跳跃频率中,其频率值应最大
	F159	跳跃频率范围	0.00～10.00Hz	设置跳跃频率范围,若设置为 0,则所有跳跃频率无效

这个参数在不同的说明书中也被称为跳跃频率幅度或跳跃频率宽度, 在实际应用中和图形显示中, 用"宽度"来表述比较常见, 这几种叫法对于运行维护人员来说, 都应当熟悉。

（续）

变频器型号	参数码	名称	设定范围	说　　明
创世 CSBG 系列	P115	跳跃频率1	0.00~最高频率	设置跳跃频率1
	P116	跳跃频率2		设置跳跃频率2
	P117	跳跃频率3		设置跳跃频率3
	P118	跳跃频率范围	0.00~10Hz	设置跳跃频率范围,若设置为0,则所有跳跃频率无效
博世力士乐 CVF-G3/P3	H36	跳跃频率1	0.00~上限频率	设置跳跃频率1
	H37	跳跃频率1幅度	0.00~5.00Hz	设置跳跃频率1幅度,若设置为0,则该跳跃频率无效
	H38	跳跃频率2	0.00~上限频率	设置跳跃频率2
	H39	跳跃频率2幅度	0.00~5.00Hz	设置跳跃频率2幅度,若设置为0,则该跳跃频率无效
	H40	跳跃频率3	0.00~上限频率	设置跳跃频率3
	H41	跳跃频率3幅度	0.00~5.00Hz	设置跳跃频率3幅度,若设置为0,则该跳跃频率无效

注：〔F17〕表示参数 F17 的设定值；表中其他将参数码置于方括号内的，含义与此相同。

3.6.2　跳跃频率幅度

由表3-12可见，变频器通常设有3个跳跃频率参数，以及1个（多数变频器）或几个（例如博世力士乐 CVF-G3/P3 系列变频器）跳跃频率幅度参数。只有1个跳跃频率幅度参数时，它对各个跳跃频率均有效；如果有多个跳跃频率幅度参数，则每个跳跃频率的跳跃幅度可以独立设定。跳跃频率参数的功能示意图如图3-16所示。应注意的是，有的变频器其跳跃频率幅度定义为在跳跃频率上下的全部跳跃范围；而有的变频器其跳跃频率幅度定义为在跳跃频率上、下各自跳跃的范围，比如表3-12中的森兰和海利普变频器，如图3-17所示。

跳跃频率点的设置，一般应将跳跃频率1安排在较低的频率点上，跳跃频率3安排在较高的频率点上，如图3-16所示。有的变频器说明书中对此有明确规定，例如华科 HI3 系列通用变频器。

变频器的跳跃频率功能不影响其加速和减速过程，即在加速和减速过程中，输出频率可以穿越、经过跳跃频率及其跳跃幅度范围

侧栏：变频器设置跳跃频率后，须同时设置跳跃频率宽度（幅度）。有的变频器将跳跃频率宽度一分为二，分布在跳跃频率的上下两侧；也有的变频器将跳跃频率宽度直接分布在跳跃频率的上下两侧，这样，实际的跳跃频率宽度就是参数设置的跳跃频率宽度的2倍。

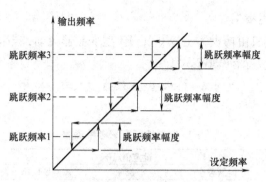

图 3-16 跳跃频率参数功能示意

内的频率。因为这时输出频率
在频率共振点及其附近频率区
并不停留，引起共振产生的影
响很小，同时，这种设计也使
加速和减速过程更加平稳。

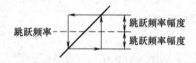

图 3-17 另一种跳跃频率范围设定

使用频率跳跃功能时，除设置频率跳跃参数外，频率跳跃幅度
参数必须同时设置，否则有的变频器频率跳跃幅度参数出厂值为 0
（如博世力士乐 CVF-G3/P3 系列变频器），如果不设置频率跳跃幅
度参数，变频器将默认数值为 0 的出厂值，这会导致频率跳跃功能
无效；有的出厂值数值很小（如海利普变频器出厂值为 0.5），不
能保证有效规避共振。

变频器的 3 个跳跃频率范围允许重叠，重叠的跳跃频率区域将
合并，如图 3-18 所示。

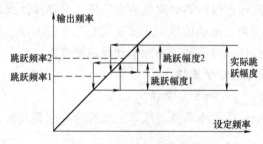

图 3-18 跳跃频率的重叠

当变频器驱动电动设备运转，发现在某个频率点或几个频率点
发生了共振，应观察变频器显示的共振点频率，并记录，然后尽快
对跳跃频率功能组的参数进行设置，有的变频器允许在运行中设置
这些参数。

3.6.3 应用举例

一台风机由博世力士乐 CVF-P3 型变频器驱动，当运行至 38Hz 时振动剧烈，如何规避。

查阅博世力士乐 CVF-P3 型变频器参数表，将相关参数设置见表 3-13。

表 3-13 跳跃频率参数设置

参数码	名　称	设定值/Hz	说　明
H-36	跳跃频率 1	38	将跳跃频率 1 设置为 38Hz
H-37	跳跃频率 1 幅度	3	将跳跃频率 1 幅度设置为 3Hz

参数设置完成后，变频器跳过了 36.5～39.5Hz 的频率共振区，风机振动消除。

3.7 变频器的 V/F 控制

异步电动机是通过电磁感应来传递能量的，在负载转矩不变的情况下，频率下降致使电动机转速下降，将导致输出功率下降；而电动机的输入功率与频率之间并无直接联系，即电动机的输入功率并不因为频率下降而自动下降。因此，频率下降时将导致输入功率与输出功率之间的严重失衡，使传递能量的电磁功率和磁通相对大幅增加，电动机的磁路严重饱和，励磁电流的波形畸变严重，产生很大的尖峰电流。因此，变频器必须在降低频率的同时，相应地降低输出电压，才能维持输入功率与输出功率之间的平衡。

既要在低频运行时同时降低输出电压，又要保证此时电动机能输出足够的转矩以拖动负载，这就要求我们根据不同的负载特性适当地调整 U/f 比，以得到需要的电动机机械特性。

3.7.1 变频器的 U/f 曲线

1. 频率调节比和电压调节比

变频器的输出频率与额定频率之比称为频率调节比，其表达式如下：

$$k_F = \frac{f_X}{f_N}$$

式中　k_F——频率调节比；

　　　f_X——变频器的输出频率（Hz）；

　　　f_N——额定频率（Hz）。

复习一下

2.1.1 节 的 知 识，V/F 控制是变频器常用的一种控制模式。所谓 V/F 控制，就是通过调整变频器输出侧的电压频率比（U/f 比）的方法，来改变电动机在调速过程中机械特性的控制方式。

变频器的实际输出电压与额定电压之比称为电压调节比，其表达式如下：

$$k_{U} = \frac{U_{X}}{U_{N}}$$

式中　k_{U}——电压调节比；

　　　U_{X}——变频器的实际输出电压（V）；

　　　U_{N}——额定电压（V）。

2. U/f 曲线的选用依据

变频器可以提供多条 U/f 曲线供用户选用，或者通过功能参数的设置得到所需的 U/f 曲线。变频器应用时应根据负载的低速特性选用或设置相应的 U/f 曲线。

对于恒转矩负载，即不论转速高低，负载的阻转矩都不变。例如带式输送机，它要求电动机在低频运行时也有较大的转矩，如图 3-19 所示。这种情况 U/f 比应该选大一些，如图 3-22 中 U/f 曲线 1，当频率为 f_{X1} 时，把电压提升到 U_{X1}，即在低频运行时进行转矩补偿和提升。

另一种负载在高低转速时阻转矩变化明显，例如离心浇铸机。这种设备只有在具有一定转速时才能把铁水灌入模具实施浇铸，浇铸完毕转为低速时由于没有了铁水，负载很轻。其转矩特性如图 3-20 所示，电动机在低频运行时不需要太大的转矩，U/f 比可以选小一些，如图 3-22 中的 U/f 曲线 2，当频率为 f_{X1} 时，电压为 U_{X2} 就够了。

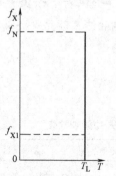

图 3-19　恒转矩负载曲线

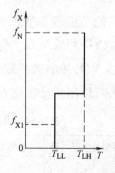

图 3-20　明显变化的转矩曲线

第三种是二次方率负载，例如离心式水泵、风机，其负载机械特性如图 3-21 所示，低速运行时阻转矩很小，所以 U/f 比可以选

不同的变频器 U/f 线，适用于不同负载特点的运行案例。

图 3-22 中的曲线 2 是基本电压/频率线，它是一条直线，它右上角终点处对应的是变频器的最高额定输出频率 f_{N} 和额定输出电压 U_{N}，将该点与坐标原点连接即构成曲线 2。

图 3-19 ~ 图 3-22 中的其他电压/频率线适用于不同的运行工况，足见变频器功能之强大。

更小一些，如图3-22中U/f曲线3，当频率为f_{X1}时，把电压降低为U_{X3}。即在低频运行时对转矩实施负补偿。

以上实例说明，不同负载在低频运行时对U/f比的要求是不一样的。用户应根据负载的具体要求，通过预置或直接从变频器提供的多种U/f曲线中选择一种使用。

在图3-22中，曲线2是电压与频率成正比例变化的U/f曲线，称为基本U/f曲线，其特点是：

$$\frac{U_X}{f_X} = 常数(k_F = k_U)$$

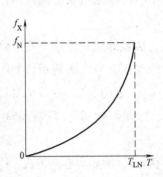

图3-21　二次方率负载曲线　　　图3-22　转矩补偿曲线

若欲加大低频时的带负载能力，可在基本U/f曲线的基础上加大低频时的U/f比，使$k_U > k_F$，称为转矩补偿或转矩提升。对于离心式水泵、风机类二次方率负载，变频器提供若干条负补偿（$k_U < k_F$）的"低减U/f曲线"。图3-22中的曲线3就是一条具有一定负补偿效果的低减U/f曲线。

3.7.2　V/F控制的参数表

V/F控制的参数见表3-14🗹。

表3-14　几种变频器的转矩提升功能参数表

变频器型号	参数码	名称	设定范围	设定值	说　明
森兰SB12系列	F07	转矩提升	0~50	0	自动提升,变频器根据负载情况将输出转矩调到最佳值
				1~50	手动提升

（续）

变频器型号	参数码	名称	设定范围	设定值	说明
博世力士乐 CVF-G3/P3	L-0	V/F 曲线类型选择	0,1,2		"0"表示恒转矩曲线； "1"表示递减转矩曲线 1； "2"表示递减转矩曲线 2
	L-1	转矩提升	0 ~ 20		提升电压 = ｛[L-1]/200｝× 电动机额定电压
	L-2	转矩提升方式	0,1		"0"表示手动提升；"1" 表示自动转矩提升
创世 CSBG 系列	P11	中间频率 （MF）	LLF ~ 基本 频率		设定任意 U/f 曲线的中间频率值，用以决定最低频率与该频率间的 U/f 曲线
	P12	中间电压 （MV）	LLV ~ 100% 额定电压		设定任意 U/f 曲线中与中间频率对应的中间电压值
	P13	最低频率 （LLF）	0.00 ~ 10.00Hz		用于设定任意 U/f 曲线的最低频率
	P14	最低电压 （LLV）	0 ~ 10% 额定电压		用于设定任意 U/f 曲线的最低电压
	P108	手动转矩提升	OFF/H-1 ~ 16/P1 ~ 16		用于 U/f 曲线的选择，该功能优先于 P11 ~ P14 设定的任意 U/f 曲线
	P109	自动转矩提升	ON,OFF		ON:选择自动转矩提升功能；OFF:禁止自动转矩提升功能
富士 G11S/ P11S	F09	转矩提升 1	0.0,0.1 ~ 20.0	0.0	自动转矩提升特性，即自动调整恒转矩负载转矩提升值
				0.1 ~ 0.9	风机和泵负载用的二次方率递减转矩特性
				1.0 ~ 1.9	二次方率递减转矩和恒转矩特性两者中间的比例转矩特性
				2.0 ~ 20.0	恒转矩特性
	A05	转矩提升 2	0.0,0.1 ~ 20.0		电动机 2 的转矩提升功能，与 F09 转矩提升进行相同动作

☑ 离心风机和离心水泵属于二次方率负载。其特点是，负载转矩与转速的平方成正比，因此，这类负载由变频器驱动时，如果所需转速低于额定转速时，具有明显的节能效果。

（续）

变频器型号	参数码	名称	设定范围	设定值	说　明
华科 HI3 系列	F002	转矩补偿模式	d,P1,P2		"d"为恒转矩特性，"P1"为递减转矩特性，"P2"为二次递减转矩特性
	F003	转矩补偿电压值	0~30%		在低频工作区对输出电压进行提升补偿,设定不为0时有效
海利普 HOLIP	CD003	中间电压设定	0.1~500.0V		设定任意 U/f 曲线中的中间电压值
	CD004	中间频率设定	0.01~400.00Hz		设定任意 U/f 曲线中的中间频率值
	CD005	最低电压设定	0.1~50.0V		设定 U/f 曲线中的最低起动电压值
	CD006	最低频率设定	0.1~2Hz		决定 U/f 曲线中最低起动频率值
	CD043	自动转矩补偿	0.1~10.0%		设定变频器在运转时自动补偿额外的电压,以得到较高的转矩
普传 PI7000 系列	F07	自动转矩提升	0~10%		按一既定公式在低频运行时对变频器输出电压进行提升补偿
	F08	U/f 提升方式	0~61	0~20	恒转矩负载时,可在0~20这21条 U/f 曲线中选择一条使用
				21~40	适合1.5次方递减转矩负载,可在21~40这20条 U/f 曲线中选择一条使用
				41~50	适合平方递减转矩负载,可在41~50这10条 U/f 曲线中选择一条使用
				51~60	适合3次方递减转矩负载,可在51~60这10条 U/f 曲线中选择一条使用
				61	用户自定义

注：〔L-1〕表示参数 L-1 的设定值。

普传 PI7000 系列变频器已在变频器内部由软件和硬件相互配合，自动生成 0~20、21~40、41~50、51~60 几组不同应用特点的电压/频率曲线，用户只需通过对参数 F08 的设置，即可在 60 条压频线中选择一条最符合现场运行特点的曲线。

3.7.3 通过功能参数选用 U/f 曲线

任何特性的 U/f 曲线选用，都必须通过功能参数的设置来实现。下面以富士 G11S 系列变频器为例介绍参数设置的方法，图 3-23 ~ 图 3-25 所示为几种转矩 U/f 曲线的示意图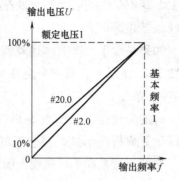。由图中可见，图3-25下部（低频区）的曲线陡度介于图 3-23 和图 3-24 相应部位之间，即比图 3-24 低频区更

图 3-23　U/f 曲线示例一

陡，而较图 3-23 低频区平缓些。图中"#2.0"标注的 U/f 曲线，是将参数 F09 设置为 2.0 时的曲线，其他前缀为"#"号的数字，含义与此相同。

该变频器的 F09 参数名称是"转矩提升 1"，将其设置成 0.0，为自动转矩提升特性，即自动调整恒转矩负载的转矩提升值，使之在#2.0 与#20.0 U/f 曲线之间自动调整变化。

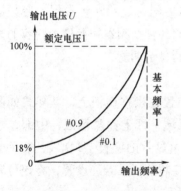

图 3-24　U/f 曲线示例二

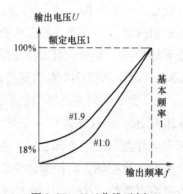

图 3-25　U/f 曲线示例三

如果负载是离心风机、水泵类二次方律递减转矩设备，则 F09 设定值应为 0.1 ~ 0.9。由于设定值可按 0.1 的间隔递增，所以这里共有 9 条 U/f 曲线可供选择，见图 3-24。具体设置时应首先取较小值，若起动转矩不足，再逐渐增大，以免发生低频过激磁，甚至起动过程中跳闸。

如果负载具有恒转矩特性，又不准备使用自动转矩提升功能，可将参数 F09 设置为 2.0 ~ 20.0 范围的某值，参见图 3-23。这里共

有 181 条 U/f 曲线供选择。设置原则依然是数值由小渐大，保证满足起动转矩即可。

如果是介于二次方律递减转矩和恒转矩特性之间的其他负载，如图 3-25 所示，参数 F09 应在 1.0～1.9 之间选择。这组 U/f 曲线共有 10 条。

有的变频器，例如表 3-14 中的创世和海利普品牌，可将 U/f 曲线设置成折线形式，将它们的中间电压和中间频率参数设置好后，这两个参数在 U/f 曲线上的对应点就是曲线的转折点。

3.8　变频器的显示功能

变频器在运行中，可以自行测量并显示各种运行参数，如输出频率、电压、电流、功率、负载率等，其中频率还可转换成线速度或转速显示。

变频器最少有一个 LED 显示器，而有的变频器有两个 LED 显示器，或者一个 LED 显示器加一个 LCD 显示器。LED 显示器每次只能显示一种数据，而 LCD 显示器可同时显示几种数据。变频器显示的内容可以方便的进行切换，而各种变频器切换显示内容的方法不尽相同。本文介绍几种变频器的显示功能。

3.8.1　ABB ACS510 系列变频器

ACS510 系列变频器的显示器布置在操作面板上，其样式如图 3-26 所示。显示屏共有三个显示区域，即上部显示区、中部显示区和下部显示区。上部显示区左上角显示的字符"LOC"，表示变频器由本地控制，即控制命令来自控制面板。若经设置，将该位置的字符更换为"REM"，则表示为远程控制。

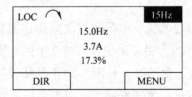

图 3-26　ABB ACS510 系列变频器显示器

字符"LOC"右侧的图符"⌒"，表示变频器驱动电动机处于正转状态。该图符若变换为"⌒"，则表示变频器驱动电动机处

侧边栏：

 英文字符"LOC"，其本身含义是本地（Local）。"REM"的本身含义是远控、遥控（Remote）的意思。

变频器初次上电时处于远控状态，变频器操作面板上的 LCD 显示屏左上角显示字符"REM"，表示变频器当前可由控制端子排 X1 外来的远控信号控制。若欲切换到本地控制，按压操作面板上的"LOC/REM"键，即可切换至本地控制，显示屏左上角显示字符"LOC"，此时可由变频器操作面板上的起动键 START 起动变频器，由变频器操作面板上的停止键 STOP 使变频器停机，实现本地控制。

于反转状态。图符若为点状线状态显示，其含义见表 3-15。

表 3-15 ABB ACS510 系列变频器关于电动机旋转方向的图符显示说明

显示屏显示内容	含 义
顺时针◠或逆时针◡固定显示旋转箭头	1. 变频器正在运行，频率值已达设定值 2. 电动机轴正向旋转◠，或者反向旋转◡
点状线闪烁显示旋转箭头	变频器正在运行但未达到设定频率值
点状线固定显示旋转箭头	给出起动命令，但电动机没有运行，即没有给出起动允许命令

上部显示区右上角显示的"15Hz"是当前的给定。显示"15Hz"是当前给定的内容之一。在其他运行工况，也会显示当前的其他给定。

中部显示区可以显示三个参数值，默认显示的三个参数值分别是 0103 输出频率、0104 电流和 0105 转矩，这里的 0103、0104 和 0105 是参数代码。

这三个参数是 ABB ACS510 系列变频器中 01 参数组即运行数据参数组中的一部分，这组参数是变频器装置的运行数据，由变频器装置测量或通过计算获得，不能由用户设置。部分 01 参数值的参数码以及参数名称、功能描述见表 3-16。

表 3-16 ABB ACS510 变频器 01 参数组部分参数码及功能说明

01 参数组代码	参 数 名 称 及 描 述
0102	速度，计算出的电动机转速（r/min）
0103	输出频率，变频器的输出频率
0104	电流，测量得到的电动机电流值
0105	转矩，计算得到的电动机轴输出转矩，以电动机额定转矩的百分数表示
0106	功率，测量得到的电动机功率（kW）
0107	直流电压，变频器直流侧电压（V）
0109	输出电压，输出到电动机的电压
0110	变频器温度，内部功率半导体元件的温度（℃）
0111	外部给定 1，以 Hz 表示
0112	外部给定 2，以百分数（%）表示
0113	控制地点（本地、外部）
0114	变频器累积运行的小时数
⋮	⋮
0140	运行时间，以千小时为单位，显示变频器累计运行时间

（续）

01 参数组代码	参数名称及描述
0141	兆瓦时计数器，以 MW·h 为单位，显示变频器累积运行功耗，该数据不能被复位
0143	通电计时，以天为单位，显示变频器累计通电时间
0145	电动机温度，电动机运行温度显示（℃）

ABB ACS510 系列变频器操作面板上的 LCD 显示屏中部可显示变频器运行的三个参数，这三个参数可由变频器的 34 参数组确定，它可以是 01 参数组中的任意参数（参见表 3-16）。34 参数组中的参数 3401、3408 和 3415 可以设置显示屏中期望显示的三个参数的名称，例如输出频率、输出电流、负载转矩、输出电压、输出功率等；34 参数组还可设置每个参数的单位，例如 Hz、A、V、℃ 等；参数值中小数点的位置；设定某参数采用棒图形式显示；隐藏而不显示选定的参数值（为了突出显示某参数值，将其余一个或两个参数的参数值设定为不显示）；定义每一个参数可显示的最小值和最大值。

ABB ACS510 系列变频器操作面板上有两个软键，操作这两个软键，则 LCD 显示屏左下角和右下角的显示内容会有相应的变化，指示软键指定的功能。

ABB ACS510 系列变频器操作面板上的 LCD 显示屏可按照设置，选择以中文、英文或韩文显示。该显示功能由参数 9901 设置，见表 3-17。

表 3-17　ABB ACS510 系列变频器显示屏上显示语种的设定

参数 9901 的设定值	LCD 显示屏上显示的语种
0	英文
1	中文
2	韩文

3.8.2　英威腾 GD350 系列变频器

英威腾 GD350 系列变频器的 LCD 显示器可以显示停机参数显示状态、运行参数显示状态和故障告警显示状态，其分不同的显示区域，在不同的界面下，不同的显示区域分别显示不同的内容，以下以停机参数显示主界面显示的内容为例进行说明。停机主界面显示的样式和内容如图 3-27 所示，图中的粗黑线矩形框是 LCD 显示器的边框，边框之外的图示及字符是为解释说明显示内容所加。各

📝 34 参数组中的参数 3401、3408 和 3415 可以设定 LCD 显示屏中部显示的三个参数的名称，例如将参数 3401 设置为 0103（见表 3-16），则即将三个参数中的第一个参数设置为变频器的输出频率。但是若将 3401 设置为 0100 时，则第一个参数的内容将不显示。

显示区域显示内容的说明见表 3-18。

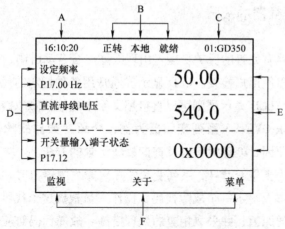

图 3-27　英威腾 GD350 系列变频器显示器主界面

表 3-18　英威腾 GD350 变频器显示器停机状态显示内容说明

显示区域	显示内容名称	显示内容说明	备注
页眉 A	实时时间显示区	显示实时时间	
页眉 B	变频器运行状态显示区	正转：运行时电动机正转 反转：运行时电动机反转 禁反：禁止反转运行	显示器显示正转的位置还可能显示反转和禁反
		本地：运行指令来自本地键盘通道 端子：运行指令来自端子通道 远程：运行指令来自通讯通道	显示器显示本地的位置还可能显示端子和远程
		就绪：变频器处于无故障停机状态 运行：变频器处于运行状态 点动：变频器处于点动运行状态 预警：变频器处于运行中预报警状态 故障：变频器出现故障	显示器显示就绪的位置还可能显示运行、点动、预警或故障
页眉 C	变频器站号和型号	01：变频器所在的站号（预留功能） GD350：当前使用的变频器型号	
显示 D	变频器监视的参数名称、功能码及单位	变频器可同时显示的 3 个监视参数，包括它们的参数名称、参数码和参数值的单位✎	监视参数可由用户编辑确定
显示 E	监视的参数值	显示变频器监视参数的值	监视值实时更新
页脚 F	功能键（4）（5）（6）对应的菜单	不同界面下功能键（4）（5）（6）对应的菜单不同，该显示区域显示的内容也不同	

注：页脚中，所谓"功能键（4）（5）（6）"，是变频器操作面板上的三个功能键。操作这三个键中的任意一个，都会使页脚中显示的内容有所变化。

✎ 显示 D 中可同时显示 3 个监视参数，例如在图 3-27 中显示的设定频率，其参数码是 17.00，单位是 Hz，频率值是 50。

3.9 变频器的故障查询

变频器有完善的保护功能，出现故障时会自动跳闸，并显示跳闸原因，以便用户检查。LED 显示屏通常用各种特定的代码来表示跳闸原因，LCD 显示屏则可以直接用文字来表述故障原因。本文以博世力士乐 CVF-G3 系列变频器为例，介绍变频器故障代码的定义、故障原因、处理对策以及查询故障记录的方法。

博世力士乐 CVF-G3 系列变频器在故障跳闸停机时，会同时在 LED 显示屏上显示一个故障代码，操作人员根据这个代码可以大概判断故障的原因，并采取相应的处理措施。故障代码对应的故障原因以及应该采取的对策见表 3-19。

表 3-19 保护功能及对策

故障代码	故障说明	可能原因	对策
Er.01	加速中过电流	1. 加速时间过短 2. 转矩提升过高或 U/f 曲线不合适	1. 延长加速时间 2. 降低转矩提升电压，调整 U/f 曲线
Er.02	减速中过电流	减速时间太短	增加减速时间
Er.03	运行中过电流	负载发生突变	减小负载波动
Er.04	加速中过电压	1. 输入电压太高 2. 电源频繁开关	1. 检查电源电压 2. 用变频器的控制端子控制变频器的起、停
Er.05	减速中过电压	1. 减速时间太短 2. 输入电压异常	1. 增加减速时间 2. 检查电源电压 3. 安装或重新选择制动电阻
Er.06	运行中过电压	1. 电源电压异常 2. 有能量回馈性负载	1. 检查电源电压 2. 安装或重新选择制动电阻
Er.07	停机时过电压	电源电压异常	检查电源电压
Er.08	运行中欠电压	1. 电源电压异常 2. 电网中有大的负载起动	1. 检查电源电压 2. 分开供电

（续）

故障代码	故障说明	可能原因	对　策
Er. 09	变频器过电载	1. 负载过大 2. 加速时间过短 3. 转矩提升过高或 U/f 曲线不合适 4. 电网电压过低	1. 减小负载或更换成较大容量变频器 2. 延长加速时间 3. 降低转矩提升电压，调整 U/f 曲线 4. 检查电网电压
Er. 10	电动机过载	1. 负载过大 2. 加速时间过短 3. 保护系数设定过小 4. 转矩提升过高或 U/f 曲线不合适	1. 减小负载 2. 延长加速时间 3. 加大电动机过载保护系数 4. 降低转矩提升电压，调整 U/f 曲线
Er. 11	变频器过热	1. 风道堵塞 2. 环境温度过高 3. 风扇损坏	1. 清理风道或改善通风条件 2. 降低载波频率 3. 更换风扇
Er. 12	输出接地	1. 变频器的输出端接地 2. 变频器与电动机的连线过长且载波频率过高	1. 检查连接线 2. 缩短接线，降低载波频率
Er. 13	干扰	由于周围电磁干扰而引起的误动作	给变频器周围的干扰源增加吸收电路
Er. 14	输出断相	变频器与电动机之间的接线不良或断开	检查接线
Er. 15	IPM 故障	1. 输出短路或接地 2. 负载过重	1. 检查接线 2. 向厂商寻求服务
Er. 16	外部设备故障	变频器的外部设备故障输入端子有信号输入	检查信号源及相关设备
Er. 17	电流检测错误	1. 电流检测器件或电路损坏 2. 辅助电源有问题	向厂家寻求服务
Er. 18	RS485 通信故障	串行通信数据的发送和接收发生错误	1. 检查接线 2. 向厂家寻求服务
Er. 19	PID 反馈故障	1. PID 反馈信号线断开 2. 用于检测反馈信号的传感器发生故障 3. 反馈信号与设定不符	1. 检查反馈通道 2. 检查传感器有无故障 3. 核实反馈信号是否符合设定要求
Er. 20	与供水系统专用附件的连接故障	1. 没有选用专用附件，但选择了多泵恒压供水 PID 方式 2. 与附件的连接发生问题	1. 改用普通 PID 或单泵恒压供水方式 2. 选购专用附件 3. 检查主控板与附件的连接是否牢固

博世力士乐 CVF-G3 系列变频器除了在故障跳闸时显示表 3-20 中相应的故障代码外，其存储器还会保存有最后 6 次故障的代码信息，以及最后一次故障时的运行参数，是变频器监控参数组的重要组成部分，见表 3-20。

下面介绍博世力士乐 CVF-G3 系列变频器查询表 3-20 中故障记录信息的方法。这种变频器的面板状态有监控模式、监控参数查询模式、基本运行参数设置模式、中级运行参数设置模式和高级运行参数设置模式。查询故障记录信息必须在监控参数查询模式下进行。

表 3-20　变频器监控参数中的故障记录信息

监控项目	内　容	监控项目	内　容
d-20	第一次故障记录	d-27	最近一次故障时的设定频率
d-21	第二次故障记录	d-28	最近一次故障时的输出电流
d-22	第三次故障记录	d-29	最近一次故障时的输出电压
d-23	第四次故障记录	d-30	最近一次故障时的直流电压
d-24	第五次故障记录	d-31	最近一次故障时的模块温度
d-25	第六次故障记录	d-32	最近一次故障时的输入端子状态
d-26	最近一次故障时的输出频率	d-33	最近一次故障时的累计运行时间

当面板当前状态在监控模式时，LED 显示屏显示参数 L-71 选择的内容（参数 L-71 用于选择操作面板上的显示屏在状态监控模式时的显示内容），例如当前输出频率"50.00"Hz，这时按一下面板上的"MODE"键，即进入监控参数查询模式，LED 屏显示第一个监控参数的代码 d-20。若欲查询的是最近一次故障时的输出频率，其监控代码是 d-26，可按压数据修改键"▲"，每按一次代码数加 1，也可持续按住"▲"键，变化速度加快，直至监控代码变为 d-26 停止，接着按一下确认键"ENTER"，LED 屏就显示出故障时的输出频率，另纸记录之。这时按一下模式切换键"MODE"，显示返回"d-26"，可以通过数据修改键"▲"和"▼"重新选择欲查询的监控代码号继续，直至查询完毕。查询结束后按四次"MODE"键，跳过基本运行参数设置模式，中级运行参数设置模式，高级运行参数设置模式，返回监控模式。根据查询

结果，分析、检查、处理故障，使变频器尽快恢复正常运行。

3.10　变频器的过载保护

变频器过载保护的对象是电动机✍，过载保护的目的是使电动机不因过热而烧毁。

电动机运行时，其损耗功率（包括铜损和铁损）必然要转换成热能，使电动机的温度升高。在电动机温度升高的过程中，同时要向周围散热，温升越大，散热也越快，所以温升不能按线性规律变化，而是越升越慢。当电动机产生的热量和发散的热量相平衡时，温升不再增加，处于稳定状态。电动机运行在额定状态时的温升称作额定温升✍。

3.10.1　过载保护的特点

1. 过载保护具有反时限特性

电动机过载电流越大，允许运行的时间越短✍，其保护曲线如图 3-28 所示。图中纵坐标是变频器的跳闸时间 t_T，横坐标是电动机的电流负载率 β。

$$\beta = \frac{I_M}{I_{MN}}$$

式中　β——电动机的负载率；

　　I_M——电动机的实际运行电流（A）；

　　I_{MN}——电动机的额定电流（A）。

当电动机的实际运行电流大于额定电流，即 $\beta > 1.0$ 时，如果负载率 $\beta_3 > \beta_2 > \beta_1$，则跳闸时间 $t_3 < t_2 < t_1$，具有反时限的动作特性。

2. 跳闸时间与工作频率有关

变频器最好与专用的变频电动机（例如 YVP 系列变频电动机）配套运行。变频电动机的功率等级、安装尺寸以及机座中心高等参数均符合国际 IEC 标准，与对应的国产 Y 系列（IP44）三相异步电动机相一致，互换性通用性强，并且装有独立的冷却风机，保证电动机在不同的转速下均具有较好的冷却效果。而目前有相当多用户为了降低设备投资成本，选用普通电动机与变频器配套工作，这也是可以的。但普通电动机采用安装在输出轴上的风扇散热，当工

这里所说的过载保护，是指对电动机的过载保护。

因此，变频器对电动机的过载保护，是通过检测电动机运行时出现过电流值的大小、持续的时间以及电动机的类型等信息，经过运算，适时发出控制命令，使电动机断电停机或限流运行，达到保护电动机运行安全的目的。

电动机过载保护的反时限特性，是指过流倍数越大，动作时间越短；过流倍数越小，动作时间越长。

作频率降低时，风扇转速同时降低，散热效果随之下降。当变频器的电动机类型选择参数预置为普通电动机时（例如富士 G11S 系列变频器的参数 F10 设定为"1"，为通用电动机；F10 设定为"2"，为变频专用电动机），随着电动机运行频率的变化，其过载保护曲线会如图 3-29 所示有相应的变化，即工作频率越低，电动机散热条件越差，在过载程度相同的情况下，允许运行的时间（跳闸时间）越短。图 3-29 中，f_A、f_B 和 f_C 对应不同的运行频率，纵坐标上的 t_A、t_B 和 t_C 与 0 点之间的线段长度代表跳闸时间的长短。当电流负载率同为 β_X 时，工作频率较低（例如 f_C）对应的跳闸时间较短（例如 t_C），反则反之。这种保护效果是由变频器内部的单片机根据程序命令和参数设置的条件经过判断和运算实现的。

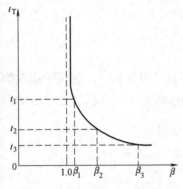

图 3-28 过载保护的反时限特性

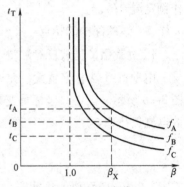

图 3-29 保护动作时间与运行频率的关系

3.10.2 过载保护的参数设置

要实现变频器对电动机的过载保护，必须对变频器的相关参数进行设置。

1. 保护动作与电动机类型的设定

一台变频器只控制一台电动机，应设定过载保护动作有效；如果一台变频器控制多台电动机时，应设定过载保护无效，这时应根据每台电动机的容量各自采取保护措施。需要保护动作时，应选择电动机的类型，是通用电动机还是变频专用电动机。

2. 保护方式的设定

过载时可供选择的保护方式有

1）电动机减速停机；

2）电动机立即断电自由停机；

3）电动机继续运行，给出报警信号；

4）电动机限流运行。

3. 保护电流定值的设定

将电动机的额定电流通过相关参数设置到变频器，作为过载保护的定值。方法有两种：有的变频器可以直接将"电动机额定电流"进行设定，例如英威腾 INVT-G9 系列变频器和艾默生 TD3000 系列变频器。有的变频器通过"电流取用比""电动机保护系数"间接进行设定。其定义为：

$$电流取用比（电动机保护系数） = \frac{电动机额定电流}{变频器额定电流} \times 100\%$$

例如，变频器额定电流为 100A，电动机额定电流为 80A，则电流取用比为 80%。

4. 过载保护延迟时间

过载电流达到保护定值时允许继续运行的时间，超过则实施保护；延迟时间内电流值恢复正常值则退出保护；过载电流超过保护定值时按反时限特性实施保护 。

几种变频器过载保护参数设置见表 3-21。

表 3-21　几种变频器过载保护参数设置表

变频器型号	功能码	功能名称	功能码及定义
博世力士乐 CVF-G3 系列	H-1	过载过热保护动作方式	"0"表示变频器立即封锁输出 "1"表示限流运行并报警
	H-2	电动机过载保护系数	50~110（%）
富士 G11S 系列	F10	热继电器1	"0"表示不动作 "1"表示动作（通用电动机） "2"表示动作（变频专用电动机）
	F11	OL 设定值1	电流取用比在 20%~135% 之间设定
	F12	热时间常数 t1	0.5~75.0min

电动机出现过载时，可以通过设置参数，实现不同的方式进行保护，这些保护方式有

1. 电动机减速停机；

2. 电动机立即断电自由停机；

3. 电动机继续运行，给出报警信号；

4. 电动机限流运行。

设置保护方式的参数举例可参见表 3-21。

（续）

变频器型号	功能码	功能名称	功能码及定义
安川 CIMR-G7A	L1-01	选择电动机保护功能	"0"表示无效 "1"表示通用电动机保护 "2"表示变频专用电动机保护 "3"表示矢量控制专用电动机保护
	L1-02	电动机保护动作时间	0.1~5.0min
	L1-03	选择电动机过热时的报警动作	"0"表示减速停止 "1"表示自由滑行停止 "2"表示非常停止 "3"表示继续运行（显示闪烁）
	L1-04	选择电动机过热动作	"0"表示减速停止 "1"表示自由滑行停止 "2"表示非常停止
	L1 05	温度输入延迟时间	0.00~10.00s
英威腾 INVT-G9	7.09	电动机过载保护模式	"0"表示标准电动机 "1"表示变频电动机 "2"表示无
	7.10	电动机额定电流	0~900.0A
	7.11	电动机过载保护时间	30~250s
VACON-CX	7.5	电动机热保护	"0"表示无动作 "1"表示报警 "2"表示跳闸
	7.6	电动机热保护电流	50.0~150.0(%)
	7.7	零频率热保护电流	5.0~150.0(%)
	7.8	热保护时间常数	0.5~300.0min
	7.9	热保护转折点频率	10~500Hz

第4章

变频器实战应用技巧

要想驾轻就熟地使用变频器，就必须掌握变频器实战应用技巧，熟悉变频器的基本电路结构和工作原理。对于变频器产品说明书中出现频率较高的名词术语，必须充分理解，还有一些相同内涵的名词术语，在不同的变频器中有不同的称谓，这也要求工程技术人员能够准确理解和驾驭。本章内容将对变频器应用实战中的技术技巧、专业知识和操作技能给以介绍。

4.1 变频器的对外连接端子

4.1.1 变频器主电路对外连接端子

变频器主电路对外连接端子的标记符号、端子名称以及连接去向见表4-1。

表4-1 变频器的主回路端子

端子或端子组	端子名称	功能说明
R、S、T	交流电源输入端子	连接三相交流电源
U、V、W	变频器输出端子	连接三相交流电动机
P+、P	直流电抗器连接端子	连接直流电抗器，不选电抗器时用铜片短接
P、N	制动电路端子	连接制动单元和制动电阻
PE	接地端子	用较粗和尽量短的导线与接地极连接

4.1.2 变频器的二次电路控制端子

不同变频器配置的控制端子数量及标记名称略有不同，但其基本功能大体类似。表4-2给出了各种变频器几乎都在使用的控制端

变频器主电路的对外连接端子包括交流电源输入端子R、S、T，用来连接交流工作电源；变频器输出端子U、V、W，用来连接负载电动机；P+、P是直流电抗器连接端子，不使用直流电抗器时，这两个端子用足够截面积的铜排短路；P、N是连接制动电阻的端子，当变频器因各种原因使得滤波电容器上的电压超过安全阈值时，这两个端子上的制动电阻可以泄放电容器上积累的过多电荷；PE是接地端子，须将该端子用较粗和尽量短的导线与专用接地极连接。该接地对变频器的正常运行至关重要。

子，变频器独有的控制端子可参阅产品说明书。

表 4-2　变频器的控制电路端子

类别	端子标记	端子名称	功能说明
模拟量输入输出	V+	直流电源正端	DC+10V端，频率设定电位器的电源正端
	VI	电压输入信号	DC0~10V可调电压，可用于频率设定
	I1	电流输入信号	0~20mA可调
	IF	电流反馈输入信号	0~20mA/4~20mA
	VF	电压反馈输入信号	0~10V/1~5V
	FMA	模拟监视输出	输出0~10V模拟电压，根据预置，可用来监视输出频率、电压、电流、负载率等
控制输入	FWD	正转指令	与COM端接通正向运转，断开后减速停止
	REV	反转指令	与COM端接通反向运转，断开后减速停止
	JOG	点动指令	与COM端接通按设定频率运转，断开后停止
	RST	复位按钮端	按一下解除变频器跳闸后的保持状态
	COM	公共端	公共端子
	X1~X9	多功能输入端子	根据参数预置，输入各种命令信号
报警	30A	报警继电器触点	一组报警继电器转换触点，触点容量250V，0.3A
	30B		
	30C		

4.2　变频器面板按键的使用与功能参数设置

4.2.1　变频器功能参数的设置

变频器的型号规格及电路方案确定后，根据设备运行要求，确定哪些参数可以默认变频器出厂值，哪些参数值需要修改。之后就可进行参数的设置操作，步骤如下。

1）用功能键使变频器进入参数设置状态，例如富士 G11S 系列变频器按一下 PRG 键，海利普变频器按一下 PROG 键，博世力士乐 CVF–G3 系列变频器按 MODE 键，都会使变频器进入参数设置状态，这时显示屏上显示一个参数代码。

变频器的二次电路控制端子是变频器与外界交换信息的重要通道，正确合理使用这些端子可以大大丰富变频器的应用功能。这些端子中，有的其功能是唯一的，有的则可通过设置参数使某端子从其诸多功能中选择适用的特定功能。

操作面板上通常有正转运行键、反转运行键、点动键、复位键、模式转换键、增加键（加1键）、减小键（减1键）、移位键，有的变频器操作面板上还有一个调速电位器。运行维护人员应熟练掌握这些按键的功能，以及在不同操作程序阶段时，这些功能键可能包含的第2功能、甚至第n个功能。

2）用▼键（▽键）、▲键（△键）和移位◀◀键（⇦键）三个键配合修改，使显示的参数代码变成欲修改的代码。

3）按确认保存键（例如博世力士乐 CVF – G3 系列变频器的 ENTER 键，海利普变频器的"SET"键，富士 G11S 系列变频器的 FUNC/DATA 键），确认当前显示的参数代码就是要预置修改的参数码，这时显示屏上显示的内容变更为待预置参数码的参数值。

4）用▼键（▽键）、▲键（△键）和移位◀◀键（⇦键）三个键配合修改参数值，并按确认保存键将修改结果保存在 EEPROM 中。这时显示屏上显示下一个功能参数码。

5）重复进行 2）~4），直至设置完所有需要设置的参数。

6）按功能键使变频器返回运行监控状态。

4.2.2 变频器在运行状态时的参数设置

变频器在运行状态只能对部分参数进行修改，有相当一部分参数必须在上电后的停机状态才能进行设置和修改，各种变频器的说明书对此都有明确规定，查阅说明书就能知道哪些功能参数可以在运行状态进行修改。

4.3 变频器实战须知

4.3.1 加速时间的定义及参数设置

加速时间是变频器的工作频率从 0Hz 上升到基本频率（50Hz）所需的时间。这一规定同时适用于加速终止频率为任意值的情况。例如，变频器的加速时间设定为 30s，而在多段速运行中，某一转速档次的运转频率设定为 30Hz，起步转速或上一转速档次的运转频率为 0Hz，则这一转速档次的实际加速时间（加速到 30Hz 的时间）是（30Hz/50Hz）×30s = 18s，而不能理解为加速到 30Hz 需要 30s。

设定加速时间时应考虑如下问题：加速过程需要时间，过长的加速时间会降低工作效率，尤其是频繁起停的设备，但加速时间过短会使起动电流变大，因此，应在起动电流和生产效率之间寻求一个平衡点，在起动电流允许的前提下，尽量缩短加速时间。另外，负载设备的惯性较大时加速时间应适当加长，负载设备的惯性较小

对于需要修改的参数，有必要列出一个表格，表格内容包括参数代码、参数名称、参数设定值、说明备注等。这在实际工作中非常有用。

在某一个运行时间区间内，并不一定都是从 0Hz 上升到 50Hz，例如，加速时间设置为 50s，某加速过程需要从 23Hz 加速到 43Hz，则从开始加速到加速结束需要时间 20s。

时加速时间可适当缩短。

4.3.2 减速时间的定义及参数设置

减速时间是变频器的工作频率从基本频率（50Hz）降低到0Hz所需的时间。这一规定同时适用于减速从任意频率值开始的情况。例如，变频器的减速时间设定为45s，而多段速运行中，某一时段的运转频率为40Hz，下一时段的运转频率为10Hz，则这一转速档次降速到下一转速档次时的实际减速时间（减速到10Hz的时间）是 $[(40Hz-10Hz)/50Hz] \times 45s = 27s$，而不是45s。

设定减速时间的原则类同于设定加速时间，同时还要考虑如下问题：如果减速时间设置过短，会使变频器直流环节电压升高，形成泵升电压，这时需要采取相应技术措施吸收这种再生电能，使设备复杂化，且投资会有增加。原因是：减速时间设置过短，将使旋转磁场转速下降过快，而电动机转子因负载惯性的作用，不能快速下降，导致电动机转子转速高于旋转磁场转速，电动机处于发电状态，所以变频器直流环节电压升高。因此，减速时间的设定应在生产效率、泵升电压和设备投资之间寻求平衡点。

4.3.3 起动频率的设置

电动机起动时，一般从0Hz开始加速，而有些情况却需要直接从某一频率开始加速，这时变频器起动瞬间输出的频率就是起动频率。需要设置起动频率的情况有

1）在多台水泵同时供水的系统里，由于管路内已经存在一定的水压，后起动的水泵如果从0Hz起动，将难以旋转起来，所以电动机需要直接从一定频率起动。

2）有些负载的静态摩擦力较大，难以从0Hz开始起动，设置起动频率可在起动瞬间产生一定起动冲力，使系统顺利旋转起来。

3）锥形电动机起动时，定子、转子之间有一定摩擦，设置了起动频率，可以在起动时很快建立起足够的磁通，使转子和定子间保持一定的空气隙。

4.3.4 直流制动的意义及参数设置

向电动机定子绕组通入直流电流，使电动机处于稳定停机状态，称作直流制动。分起动前的直流制动和停机时的直流制动两种应用。例如，鼓风机之类的负载，即使停机不通电，在自然风力的

（侧边栏）

📝 某一减速过程所需的时间与减速的频率范围有关。

📝 所谓起动频率，是向变频器下达了起动命令后，变频器立即向电动机输出一个大于0的工作频率，然后由该频率开始，按照加速时间的设置继续加速。这个"大于0的工作频率"就是起动频率。

作用下，也可能自行反向转动，假如这时起动，由于电动机已有一定的反向转速，将会导致变频器过电流或过电压跳闸。如果起动前施以直流制动，就能保证电动机在完全停车的状态下从零速开始起动。而惯性较大的负载机械，停机后常常停不住，有蠕动、爬行现象，有可能对传动设备或生产工艺造成不良后果。停机时，变频器的输出频率低至设定的直流制动起始频率时，向电动机定子绕组通入直流电流，电动机能够迅速停机，这就是电动机停机时的直流制动。

下面以博世力士乐 CVF－G3 变频器为例，介绍直流制动参数的设置方法。该款变频器的直流制动参数共有 3 个：L－12，停机直流制动起始频率；设定范围 0.00～15.00Hz，当变频器的输出频率低于参数 L－12 设定值时，变频器将启动直流制动功能。L－13，停机直流制动动作时间；指直流制动的持续时间；当该参数设置为零时，停机时的直流制动功能关闭。L－14，停机直流制动电压。

4.4 变频器应用技巧实例

4.4.1 使用没有正反转功能的变频器驱动电动机正反转的应用技巧

部分变频器控制面板上没有正反转选择按键，也不能通过多功能输入端子控制电动机正反转，这时只能在主电路上使招。如同普通工频运行一样，只要将电动机三条电源线中的任意两条交换相序即可。如图 4-1 所示，接触器 KM1 得电吸合后，电动机正转；KM1 释放并待电动机停稳后，如果接触器 KM2 吸合，则由于加到电动机 M 上的电源相序已经发生变化，所以电动机反转。因此，只要能选择性控制 KM1 或 KM2 的得电与否，就能通过变频器驱动电动机正反转。

欲正转时，按一下图 4-1 中的正转按钮 SB1，中间继电器 KA1 动作吸合，并经触点 KA1－1 自保持；KA1 的触点 KA1－4 接通变频器的 FWD 端子和 COM 端子，使变频器起动，其 U、V、W 端有电压输出；KA1 的触点 KA1－3 使时间继电器 KT 的线圈得电，待其延时闭合接点 KT1－2 闭合后，接触器 KM1 线圈得电吸合（中间继电器触点 KA1 - 2 已先期闭合）并自保持，这时接触器 KM1 的主触点闭合，电动机开始正向运转。

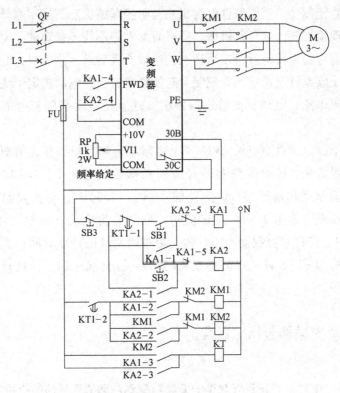

图 4-1　正反转控制电路接线

　　如果需要反转运行，按一下停机按钮 SB3，这时中间继电器 KA1、时间继电器 KT 以及交流接触器 KM1 几乎同时断电释放，电动机逐渐减速停止运行。此后按一下反转按钮 SB2，与正转情况类似，继电器 KA2、时间继电器 KT 以及接触器 KM2 相继动作，电动机开始反转运行。

　　本控制电路有多重防止接触器 KM1、KM2 线圈同时吸合的措施，一是中间继电器 KA1 和 KA2 互相闭锁；二是接触器 KM1 和 KM2 互相闭锁；三是使用了时间继电器 KT，其作用机理是：按压按钮 SB1 起动正转后，须待时间继电器 KT 延时结束后，其延时闭合触点 KT1 - 2 才闭合，电动机才能开始运转。时间继电器延时时间调整得大于电动机的减速停机时间或自由停机时间，可以保证上一种转向已经完全停稳才能开始新的转向。另外，在延时闭合触点

KT1－2闭合的同时，延时断开触点KT1－1断开，这时，如果错误操作反转按钮试图起动反转，则由于KT1－1已经断开，使得误操作不能得逞。采取这些技术措施的目的是，正在运转的电动机，不能通过操作SB1（或SB2）使电动机改变运转反向，必须停机，并待电动机完全停稳后才能启动相反方向的运行。否则有可能导致过电流保护停机，甚至造成设备事故。

图4-1中电位器RP是频率给定元件⬛；30B和30C是变频器的保护出口继电器触点。

4.4.2 变频器瞬时停电后再起动功能的应用技巧

所谓瞬时停电，是指电源电压由于某种原因突然下降为0V，但很快又恢复的情况⬛，一般停电的时间t_0很短，如图4-2a所示。

根据停电时间的长短、系统运行的要求以及变频器参数的设置，为了减轻或防止停机对生产造成不良影响，在条件允许时变频器对电动机实施再起动的功能称作瞬时停电后的再起动。

变频系统断电后，变频器内部有三种电源的电压会发生变化。

1）主电路直流电压U_D，如图4-2b所示，停电瞬间，逆变电路还在工作，所以电压下降较快，主电路直流电压U_D从额定值U_{DN}下降至欠电压保护动作值U_{DL}所需时间为t_{0d}。当电压降至U_{DL}之前，变频器如同瞬停前一样正常工作。如果电压U_D一旦降至U_{DL}值，变频器立即起动欠电压保护而跳闸。

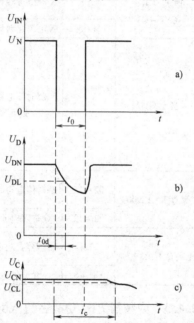

图4-2 瞬时停电后的电压变化

2）控制电路的直流电压，该直流电压给单片机及相关电路供电，对电压的稳定度要求较高，时间常数较长，所以断电后电压下降较慢，如图4-2c所示，控制电压U_C从正常值U_{CN}下降至必须跳闸的下限电压值U_{CL}所需时间为t_c。如果变频器因为主电路欠电压跳闸，电压低于U_{DL}，见图4-2b，而控制电路电压尚高于U_{CL}，见图4-2c，这时变频器允许再起动；如果停电时间$t_0 > t_c$，则变频器跳闸后不允许再起动。

3）逆变管驱动电路的电压，由于现代低压变频器逆变用的IGBT是电压控制器件，驱动电流相当小，短时间内下降的幅度有限，同时，驱动电路对电压的要求也不十分严格，因此，对变频器工作的影响可以不予考虑。

瞬时停电再起动的功能参数设置见表4-3。

表4-3　瞬时停电后再起动的功能参数

变频器型号	功能码	功能名称	数据码
博世力士乐 CVF-G3	H-4	停电再起动设置	0：无效 1：有效
	H-5	停电再起动等待时间	0.0~10.0s
富士G11S	F14	瞬时停电再起动动作选择	0：不动作（瞬停当时报警） 1：不动作（电源恢复时报警） 2：不动作（减速停止后报警） 3：电源恢复后继续运行 4：电源恢复后按停电时频率升速 5：电源恢复后按起动频率升速
德力西CDI9000	02-11	瞬时停电再起动选择	0：不起动 1：电压恢复后重起动运行
	02-12	允许停电的最大时间	0.0~60.0s
海利普HOLIP-A	CD145	瞬停再起动选择	0：无效 1：频率跟踪
	CD146	允许停电时间	0.1~5.0s

4.4.3　变频器PID功能在恒压供水中的应用技巧

供水系统中普遍使用的离心式水泵属于二次方率负载，它是以获得一定的液体流量为运行目的的。其转矩特点是，在忽略空载转矩的情况下，负载转矩与转速的二次方成正比。其功率特点是，在忽略空载功率的情况下，负载功率与转速的三次方成正比。由于离心式水泵的上述特点，使得供水系统中的变频调速应用获得了非常明显的节电效益。

1. 单台水泵变频调速恒压供水电路

实现单台水泵的变频调速恒压供水有一个前提，就是水泵电动

回顾3.1节的知识，PID功能是闭环控制中不可或缺的技术手段。在闭环控制中，我们希望受控目标尽可能地接近设置的预期目标，但此时得到的误差反馈信号就会很小，拟用较小的反馈信号获得较高的控制灵敏度，使用PID功能就有了用武之地。

PID电路首先将较小的反馈信号给以放大，以提高控制的灵敏度；而为了防止调节振荡，又辅以积分电路和微分电路，使控制效果既灵敏又平稳。

机以额定转速运行（工频50Hz运行）时提供的水量，能够满足该供水系统的最大用水需求，否则应该选用出水量更大的水泵，或采用多泵供水方案。

单泵恒压供水系统示意图如图4-3所示。采用PID控制的闭环控制模式。水泵电动机M由变频器供电；SP是压力变送器，它与变频器之间使用一条三芯屏蔽线连接，其中红线和黑线由变频器向SP提供24V工作电源，绿线和黑线向变频器传送压力变送信号，即PID反馈信号X_F，送到变频器的VPF端；而恒压供水的目标信号X_T则由电位器RP调整设定后送到变频器的VRF端。

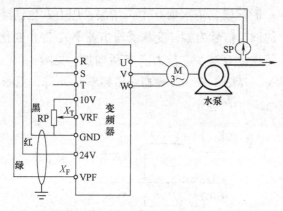

图4-3 单泵恒压供水电路

起动运行后，如果用水量逐渐增大，则水泵出水压力就有所降低，压力变送器SP输出信号减小，即变频器输入的反馈信号X_F减小，在变频器的PID控制作用下，变频器输出频率升高，电动机转速加快，水泵出水量增加，迅速使出水压力恢复到目标信号给定的水平上。运行中如果用水量有所减少，出水压力升高，通过与上相反的控制过程，同样可以使出水压力得以稳定，实现恒压供水的目标。

2. 单泵恒压供水系统中PID的自动调节

这里以图示的方法介绍PID自动调节的效果，如图4-4所示。在时间$0\sim t_1$阶段，供水系统用水量Q持续稳定，见图4-4a；此时间段供水压力稳定，反馈信号X_F没有变化，见图4-4b；PID控制信号为0，见图4-4c，水泵电动机以既有速度运转。在时间$t_1\sim t_2$阶段，用水量Q上升，压力下降，反馈信号X_F减小，PID控制电路迅速作出反应，输出一个正向的PID控制信号，见图4-4c，使

变频器输出频率 f_X 增高，见图4-4d，电动机转速升高，水泵出水量增大，维持了水压的稳定。由图4-4可见，在 $t_1 \sim t_2$ 时间段，流量有较大的变化，见图4-4a，而供水压力变化却很小，见图4-4b，这就是所谓恒压供水的控制效果。用水量变化时供水压力的变化量能不能控制为零呢？答案是否定的。因为压力变化量如果为零，则图4-4b中的反馈信号的变化量以及图4-4c中的PID控制信号也将为零，这样变频器输出频率也就不能调节变化，导致用水量变化时供水压力的相应波动，显然这不是我们所期望的。一个性能优异的PID闭环控制系统，其被控物理量的变化越小越好。

在 $t_2 \sim t_3$ 时间段，用水量 Q 不再增加，压力 P 也已经恢复到目标值，PID的调节信号为零，变频器输出频率 f_X 停止变化。在 $t_3 \sim t_4$ 时间段，用水量 Q 减少，压力 P 有所增加，见图4-4b，PID产生负的调节信号，见图4-4c，变频器输出频率 f_X 下降，见图4-4d，同样保持了供水压力的稳定。

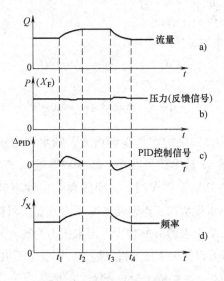

图4-4　PID调节示意图

4.5　变频器常用技术术语

变频器说明书中频繁使用一些与频率、时间有关的技术术语，往往成为阅读学习变频器知识内容的拦路虎，以下介绍这些常用术语的定义。

4.5.1　各种变频器说明书中与频率有关的术语

基本频率：与变频器的最大输出电压对应的频率称为基本频率。在大多数情况下，基本频率等于电动机的额定频率。

基底频率：同基本频率，松下 VF0 变频器使用该术语。

上限频率：变频器允许运行的最高频率。

下限频率：变频器允许运行的最低频率。变频器的下限频率仅在运行时有效，在起动与停机过程中不影响起动频率和停止频率的效力。

频率限制：上限频率与下限频率统称为受限制的频率。

切换频率上限/切换频率下限：在变频器一拖多应用时，例如多泵恒压供水的一泵变频运行、其余工频运行系统中，当变频泵运行频率达到或接近工频时，将该泵切换为工频运行，并起动另一台泵进入变频运行状态，这个所谓"接近工频"的频点（可设置）称为切换频率上限。当变频泵运行到一个较低频点时，停止一台工频电机，这个所谓的"较低频点"（可设置）称为切换频率下限。

点动频率：变频器在点动状态下的工作频率称为点动频率。生产机械在调试过程中常常需要点动操作。点动频率一般较低，例如森兰 BT40 变频器的点动频率出厂值设定为 5.00Hz。

载波频率：变频器的输出电压是一个持续的脉冲序列，这个脉冲序列的频率就是载波频率。变频器输出电压的高低，输出电流的大小，与脉冲的占空比相关。

频率给定线：变频器由外接模拟量进行频率给定时，其给定信号与对应的给定频率之间的关系曲线称为频率给定线。这里的给定信号可以是电压信号，例如 1～5V，0～10V；也可以是电流信号，例如 4～20mA。

基本频率给定线：在给定信号从 0 增大至最大值的过程中，给定频率线性地从 0 增大到最大频率的频率给定线称为基本频率给定线。基本频率给定线是一条直线。

最高频率：在数字量给定（包括键盘给定、外接升速/降速给定、外接多档转速给定等）时，变频器允许输出的最大频率。在

熟练掌握变频器常用的技术术语，扫除学习变频器知识内容道路上的拦路虎，是迈向技术高手的必经之路。

模拟量给定时，是与最大给定信号对应的频率。

最大输出频率：同最高频率。

输出频率：变频器施加到电动机上的电源频率。

回避频率：禁止变频器运行的频率点称作回避频率，变频器的回避频率通常有 2～3 个。

回避频率宽度/幅度：禁止变频器运行的频率范围，该范围以回避频率点为中心，上下有相等的频率幅度，上下两个频率幅度之和，就是回避频率宽度。当多个回避频率的宽度范围相互重叠时，变频器将其确认为一个新的回避频率宽度执行回避☑。

跳跃频率：同回避频率。

跳跃频率宽度：同回避频率宽度。

频率到达/频率检测：变频器的频率检测有两种类型，一种是检测由给定信号设定的输出频率，当输出频率达到设定频率值时，由相应输出端给出一个动作信号。"频率到达"的检测功能属于这种检测类型。这种检测无须专用的参数码去设定检测频率，当运行频率由某参数码设定后，自动成为这种检测的阈值。另一种是检测任意设定的频率，由于该检测值可任意设定，所以有的变频器参数表中给出检测频率 1 和检测频率 2 共两个频率检测点。当输出频率达到或超过检测频率时，也由相应输出端给出一个动作信号。"频率检测"的检测功能属于这种检测类型。

偏置频率：变频器外接的模拟量频率给定信号为 0 时的输出频率叫作偏置频率，用于调节频率给定线的起点。偏置频率可以大于 0，如图 4-5 中的曲线 1 所示；也可以小于 0，如图 4-5 中的曲线 2 所示☑。

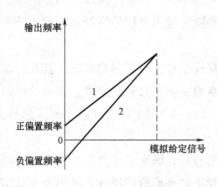

图 4-5 偏置频率图

频率增益：当变频器外接模拟频率给定信号为最大值（5V，10V，20mA）时，变频器的最大给定频率与实际最大输出频率（基本频率）之比的百分数，称作频率增益。如图 4-6

所示 。

起动频率：起动时变频器开始有电压输出的频率称为起动频率，如图4-7所示。

起动频率保持时间：电动机起动时，以起动频率运行的时间为起动频率保持时间。根据需要可以设置为 0 或者一个适当时长。这个时间不包含在加速时间内，参见图4-7。

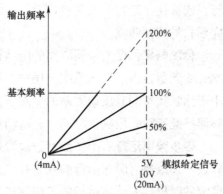

图4-6 频率增益图

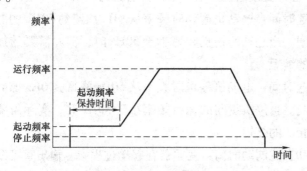

图4-7 起动频率及保持时间示意图

停止频率：电动机在降频减速停机过程中，当降至某一频率点时，频率瞬间降低至 0，这个产生频率瞬变的频点称为停止频率。见图4-7。应注意设置起动频率和停止频率的参数值时，起动频率应大于停止频率，否则电动机不能起动。

摆频运行：某些特殊生产机械，例如纺丝卷绕机械，要求变频器的输出频率能在一定范围内摆动，如图4-8所示，称作摆频运

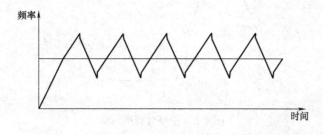

图4-8 摆频运行图

行，或称往复运行，三角波运行。可以通过功能参数的设置得到相应形状的摆频曲线。

休眠频率：受变频器驱动的电动机停止运行进入休眠状态的频率。变频器在恒压供水系统应用中，当变频器的输出频率达到或者小于休眠频率同时反馈回来的供水压力仍然高于变频器睡眠值，变频器持续运行一段确认时间后，电动机停机 。

多步频率运行：由功能参数设置每一个时段的运行频率、运行时长、加减速时间等运行参数，并按照程序确定、或者多功能端子确定的时段排列顺序运行的工作模式，称作多步频率运行。

多段速运行：同多步频率运行。

4.5.2 各种变频器说明书中与时间有关的术语

加速时间：电动机起动时频率从 0Hz 加速到 50Hz 的时间称作加速时间。当起动的终止频率小于 50Hz 时，实际需要的加速时间会相应的缩短。

减速时间：电动机停机时频率从 50Hz 降低到 0Hz 的时间称作减速时间。当停机瞬间的运行频率小于 50Hz 时，实际需要的减速时间会相应的缩短。

起动直流制动时间：变频器在起动过程中，输出直流制动电压的持续时间。

停机直流制动时间：变频器在停机过程中，输出直流制动电压的持续时间。

正反转死区时间：变频器在运行中，接收到反向运行命令，由当前运转方向过渡到相反运转方向的过程中，变频器输出频率下降为 0 后的等待保持时间，如图 4-9 中的 T_0 时间段所示。

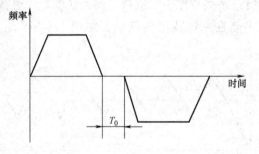

图 4-9　正反转死区时间

故障试恢复等待时间：运行中出现故障时，变频器停止输出，

休眠频率多用于恒压供水系统中，当变频器的输出频率降低到休眠频率甚至小于休眠频率，同时反馈回来的供水压力仍然高于变频器睡眠值，变频器持续运行一段时间后，以确认这一运行工况持续存在，变频器暂停输出，电动机停机。这个可使变频器暂停输出的频率称作休眠频率。

经过一段等待时间后，变频器自动复位故障并继续运行，这段时间就是故障试恢复等待时间。

寸动加速时间：点动运行时的加速时间。

寸动减速时间：点动运行时的减速时间。

加速时间 2/减速时间 2：按照程序确定、或者多功能端子的选择，用于多段速运行时的加减速时间。加速时间 3/减速时间 3 等与此定义类似。

瞬时停电再起动等待时间：瞬时停电后允许再起动的最短时间。在该时间内，电动机断电后的残留电压消失。

长时间加速：有的变频器，例如富士 G11S 变频器，可以对 60s 以上的加速过程自动延长加速时间。当该功能设置有效时，加速时间自动延长为设定加速时间的 3 倍，目的是防止由于过电流使变频器内部温度上升而跳闸。

积分时间：PID 三个闭环控制参数中的"I"。可以影响 PID 控制效果的大小。积分时间大，对反馈信号的响应迟缓，对外部扰动的控制能力变差；积分时间小，对反馈信号的响应速度快，但过小时将发生振荡。

微分时间：PID 三个闭环控制参数中的"D"。微分时间大时，能使振荡较快衰减，但过大时反而引起振荡；微分时间小时，衰减作用减小。

加泵延时时间：在多泵恒压供水系统中，如果已经起动了主泵，则须延缓一段时间才能起动其他水泵，以保证供水系统压力的稳定，这里的延缓时间就是加泵延时时间。

减泵延时时间：在多泵恒压供水系统中，如果已经停运了某台主泵，则须延缓一段时间才能停运其他水泵，以保证供水系统压力的稳定，这里的延缓时间就是减泵延时时间。

休眠等待时间：在多泵恒压供水系统中，当变频器的输出频率达到或者小于休眠频率同时反馈压力高于变频器睡眠值，并持续运行一段确认时间后，电动机停机进入休眠状态。这里所谓持续运行的那一段确认时间就是休眠等待时间。

换机间隙时间：电动机由变频运行切换到工频运行的间隙时间称作换机间隙时间。

反馈采样周期：变频器摄取传感器反馈信号的时间周期。可以

寸动加速时间即点动加速时间，其定义与加速时间相同，是频率从 0Hz 加速到 50Hz 所需的时间。

寸动减速时间即点动减速时间，其定义与减速时间相同，是频率从 50Hz 减速到 0Hz 所需的时间。

积分时间与下面的微分时间同为 PID 控制中的控制参数，可根据运行需求进行设置，从而保证闭环控制运行的稳定。

根据系统时间常数设定。

定时换机时间：变频器一拖多时运行，多台电动机轮流工作的时间。可以保证每台电动机具有大体相同的工作时间。例如变频器共拖动 3 台电动机，且 3 台电动机控制同一对象，定时换机时间为 24 小时。当前实际运行 1#、2#电动机，则当运行 24 小时后，3#电动机起动，而 1#和 2#电动机中运行时间较长的电动机停运。显然，这种定时换机模式是有条件的，即系统允许有电动机轮换休息。

定时器：定时器的概念很直白，它在变频器中由外部端子触发，从接收到外部触发信号起开始计时，定时时间到后，在相应的 OC 端输出一个宽度几百毫秒的有效脉冲信号。所谓 "OC 输出" 就是集电极开路输出，在电子技术中应用很多。

电磁开关切换延迟时间：指电动机从工频到变频或从变频到工频切换时电磁开关动作的延迟时间。它可以防止由于电磁开关动作的延迟而使变频器的输出端与电源短路。

📝 OC 输出就是集电极开路输出，具体使用该功能电路时，可在该输出端与一个外接电源之间接入负载，例如一个继电器线圈，如下图所示。变频器 OC 输出端内部的晶体管 V 饱和导通时，继电器线圈得电，触点动作。内部晶体管 V 截止时，继电器线圈失电释放。这就是 OC 输出的功能所在。

+24V外接电源线

继电器线圈
OC输出端

变频器
内电路

V

第5章

Chapter **5**

常用变频器功能参数

变频器的型号规格很多，每一种变频器都有很多功能参数▣，通常都有几十个至几百个之多。这些功能参数都是厂家自行命名定义的。此外，还有大量的国外品牌变频器进入国内市场，由于文化上的巨大差异，国外变频器的功能参数说明理解起来更加困难。本章通过介绍和解说国内国外各一种常见的变频器功能参数，以期对变频器用户学习理解变频器的工作原理和功能参数设置方法提供帮助▣。

变频器的功能参数均有出厂值。这些出厂设定值可以满足一般应用需求。若有特殊需求，仅需对部分参数进行修改。这就大大提高了工作效率和设备运行的安全可靠性。

5.1 普传变频器功能参数

5.1.1 普传 PI7800、PI7600 系列变频器功能参数

普传变频器的功能参数分基本参数组和其他参数组，在其他参数组中又有 V67 V/F 曲线设置、F68 MSS 速度控制、F69 输入/输出参数、F70 电流环参数、F71 速度环参数、F72 PID 参数、F73 系统参数、F74 电动机参数等若干个参数。

图 5-1 所示为普传 PI7800 系列变频器的端子及配线图，熟悉功能参数时可与该图对照参考。

▣ 变频器的功能参数是保证变频器正常运行并发挥其技术先进性的重要技术载体。运行维护人员应该熟悉、理解它的功能含义，并在具体应用案例中正确设置它。

▣ 当阅读一种变频器说明书中有关功能参数定义有困难时，可以找其他品牌变频器的相同或类似参数说明，进行对照参考，分析对比，举一反三，也许能取得事半功倍的学习效果。

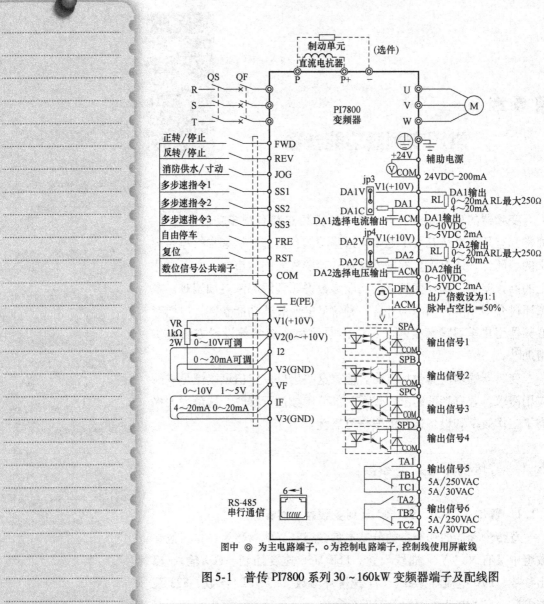

图中 ◎ 为主电路端子，○为控制电路端子，控制线使用屏蔽线

图5-1　普传 PI7800 系列 30～160kW 变频器端子及配线图

1. 普传 PI7800、PI7600 系列变频器基本参数组

基本参数组的参数见表5-1。

表5-1中，☆表示该参数出厂值与功率或型号有关；更改限制指运行期间参数是否可调整："√"表示可调整，"×"表示不可调整。

普传 PI7800、PI7600 系列变频器的基本参数组几乎是任何应用案例都会用到的一组参数。

114

表 5-1　基本参数组

功能代码	功能描述	设定范围		单位	出厂设定	更改限制
F00	监视选择	给定频率	0	—	0	√
		实际频率	1			
		电动机实际电流	2			
		电流百分比	3			
		直流母线电压	4			
		输出电压	5			
		电动机实际转速	6			
		累计运行时间	7			
		IGBT 温度	8			
		PID 给定值	9			
		PID 反馈值	10			
		电动机输出功率	11			
		励磁给定值	12			
		励磁实际值	13			
		转矩给定值	14			
		转矩实际值	15			
F01	控制模式	无 PG V/F 控制	0	—	0	×
		带 PG V/F 控制	1			
		带 PG 矢量控制	2			
F02	给定频率☑	下限频率~上限频率	F03 = 0	Hz	50.00	√
			F03 = 1		500.00	
F03	频率倍数设置	×1	0	—	0	×
		×10	1			
F04	频率设定模式☑	键盘或 RS485	0	—	0	×
		V2	1			
		I2	2			
		V2 + I2	3			
		上升/下降控制方式 1	4			
		程序运行	5			
		摆频运行	6			
		PID 调节方式	7			
		键盘电位器给定	8			
		V2 正反转给定	9			
		键盘电位器正反转给定	10			
		V2 比例联动微调	11			
		I2 比例联动微调	12			
		上升/下降控制方式 2	13			
		上升/下降控制方式 3	14			
		上升/下降控制方式 4	15			

☑ 参数 F02 设定的给定频率还受参数 F03 的设定值调整的限制。当 F03 设定为 1 时，F02 设定的给定频率须乘以 10；当 F03 设定为 0 时，F02 设定的给定频率应乘以 1。

☑ 普传 PI7800、PI7600 系列变频器的频率设定模式由参数 F04 的设定值确定，例如将参数 F04 设置为 10 时，则由面板键盘上的电位器正反方向旋转设定频率。此时其他的控制方式与控制信号均处于无效状态。

（续）

功能代码	功能描述	设定范围		单位	出厂设定	更改限制
F04	频率设定模式	上升/下降控制方式5	16	—	0	×
		上升/下降控制方式6	17			
		V2 + PID 调节方式	18			
		I2 + PID 调节方式	19			
F05	运行控制模式	键盘 + RS485/CAN	0	—	0	√
		键盘 + 端子台 + RS485/CAN	1			
		RS485/CAN	2			
		端子台控制	3			
		比例联动控制	4			
F06	波形产生模式	异步空间矢量 PWM	0	—	1	×
		分段同步空间矢量 PWM	1			
		二相优化空间矢量 PWM	2			
F07	自动转矩提升	0 ~ 10		%	0	√
F08	V/F 提升方式	0 ~ 61		—	2	×
F09	加速时间	0.1 ~ 3200.0		s	10.0	√
F10	减速时间	0.1 ~ 3200.0		s	10.0	√
F11	转差补偿	0 ~ 10		%	0	×
F12	输出电压百分比	50 ~ 110		%	100	×
F13	最大频率	10.00 ~ 300.00	F03 = 0	Hz	50.00	×
		100.0 ~ 800.0	F03 = 1		500.0	
F14	基本频率	5.00 ~ 最大频率	F03 = 0	Hz	50.00	×
		50.0 ~ 最大频率	F03 = 1		500.0	
F15	载波频率	1.0 ~ 16.0		kHz	☆	√
F16	下限频率	0.00 ~ 上限频率	F03 = 0	Hz	0.00	
		0.0 ~ 上限频率	F03 = 1		0.0	
F17	上限频率	下限频率 ~ 最大频率	F03 = 0	Hz	50.00	×
			F03 = 1		500.0	
F18	S 曲线加速起始段	0.0 ~ 50.0		%	0.0	√
F19	S 曲线加速停止段	0.0 ~ 50.0		%	0.0	√
F20	S 曲线减速起始段	0.0 ~ 50.0		%	0.0	√
F21	S 曲线减速停止段	0.0 ~ 50.0		%	0.0	√

加速时间和减速时间是每一个应用案例都必须设置的参数，除非默认使用出厂值。

载波频率主要用于改善变频器运转中可能出现的噪声及振动现象。载波频率较高时，电流波形比较理想，电动机噪声小，在需要静音的场所非常适用。但此时主元器件的开关损耗较大，整机发热较多，效率下降、出力减小。与此同时无线电干扰较大。高载波频率运用时的另一问题就是电容性漏电流增大，装有漏电保护器时可能引起其误动作，也可能引起过电流保护动作。当低载波频率运行时，则与上述现象大体相反。

（续）

功能代码	功能描述	设定范围				单位	出厂设定	更改限制
F22	最小运行频率	0.00～最大频率		F03 = 0		Hz	0.00	×
		0.0～最大频率		F03 = 1			0.0	
F23	直流制动电流	0～135				%	100	√
F24	起动制动时间	0.0～60.0				s	0.0	×
F25	停止制动时间	0.0～60.0				s	0.0	×
F26	制动起始频率	0.00～最大频率		F03 = 0		Hz	0.00	√
		0.0～最大频率		F03 = 1			0.0	
F27	停止方式设定	减速停车		0		—	0	×
		自由停车		1				
F28	寸动加速时间	0.1～3200.0				s	10.0	×
F29	寸动减速时间	0.1～3200.0				s	10.0	×
F30	寸动功能设置	寸动结束方式	十位	方向	个位	—	00	×
		停止运行	0	正向	0			
		恢复寸动前状态	1	反向	1			
F31	寸动频率设定	下限频率～上限频率		F03 = 0		Hz	6.00	√
				F03 = 1			60.0	
F32	摆频运行频率 1	F33～上限频率		F03 = 0		Hz	40.00	√
				F03 = 1			400.0	
F33	摆频运行频率 2	下限频率～F32		F03 = 0		Hz	20.00	√
				F03 = 1			200.0	
F34	摆频运行差频	0.00～5.00		F03 = 0		Hz	2.00	√
		0.0～50.0		F03 = 1			20.0	
F35	摆频运行定时 T1	0.0～3200.0				s	2.0	√
F36	摆频运行定时 T2	0.0～3200.0				s	2.0	√
F37	回避频率 1	0.00～最大频率		F03 = 0		Hz	0.00	√
		0.0～最大频率		F03 = 1			0.0	
F38	回避频率 2	0.00～最大频率		F03 = 0		Hz	0.00	√
		0.0～最大频率		F03 = 1			0.0	
F39	回避频率 3	0.00～最大频率		F03 = 0		Hz	0.00	√
		0.0～最大频率		F03 = 1			0.0	
F40	回避频率范围	0.00～5.00		F03 = 0		Hz	0.00	√
		0.0～50.0		F03 = 1			0.0	
F41	自动稳压功能	无		0		—	0	√
		有		1				
		有，但减速时不用		2				

📝 所谓寸动，即我们平时所说的点动。其加速时间和减速时间的定义是，从 0Hz 加速到 50Hz 所需的时间；或者从 50Hz 减速到 0Hz 所需的时间。例如点动加速时间设置为 25s，则从点动开始频率 5Hz 加速到点动频率 25Hz 所需的时间是（25Hz － 5Hz）/ 50Hz × 25s = 10s。

（续）

功能代码	功能描述	设定范围		单位	出厂设定	更改限制
F42	过电压失速保护	无	0	—	1	√
		有	1			
F43	电流限幅功能	无	0	—	0	√
		有	1			
F44	转速追踪选择	无	0	—	0	×
		掉电追踪方式	1			
		起动追踪方式	2			
F45	电子热保护选择	否	0	—	1	√
		是	1			
F46	电子热保护等级	120～250		%	☆	×
F47	能耗制动选择	无	0	—	0	√
		安全式	1			
		一般式	2			
F48	故障重置次数	0～10		—	0	×
F49	故障重置时间	0.5～20.0		s	1.0	×
F50	程序运行方式	单循环	0	—	0	×
		连续循环	1			
		单循环命令运行	2			
F51	程序运行再起动	程序运行停止方式（十位）	程序运行起动方式（个位）	—	0	×
		以停机前段参数设置停机 0	以第一段速度运行 0			
		以第一段参数设置停机 1	以停机前段速度运行 1			×
F52	RST输入信号选择	复位	0	—	0	√
		外部故障/复位	1			
F53	风扇起动温度（可选）	0.0～60.0		℃	0.0	√
F54	电动机运行方向	正转命令电动机正转	0	—	0	×
		正转命令电动机反转	1			
F55	电动机反转禁止	可以反转	0	—	0	×
		禁止反转	1			

所谓程序运行方式，就是多段速运行。普传变频器的程序运行方式有三种，可通过对参数F50的设置选择确定。设置为0、1、或者2时其运行效果如下所述。

0：单循环后停车。

1：连续无限循环，接收到STOP（停止）指令后停车。

2：单循环结束后依最后的段速连续运行，接收到STOP（停止）指令后停车。

（续）

功能代码	功能描述	设定范围						单位	出厂设定	更改限制
F56	时间单位设置	减速时间	百位	加速时间	十位保留	个位		—	0	×
		×1s	0	×1s		0				
		×30s	1	×30s		1				
		×600s	2	×600s		2				
		×3600s	3	×3600s		3				
F57	节能运行百分比	30～100						%	100	×
F58	FDT 频率设定 1	F59～最大频率			F03＝0			Hz	0.00	√
		F59～最大频率			F03＝1				0.0	
F59	FDT 频率设定 2	0.00～F58			F03＝0			Hz	0.00	√
		0.0～F58			F03＝1				0.0	
F60	频率检测幅度	0.00～5.00			F03＝0			Hz	0.00	√
		0.0～50.0			F03＝1				0.0	
F61	负载类型	通用			0			—	0	×
		水泵			1					
		风机			2					
		注塑机			3					
		纺织机			4					
		提升机			5					
		磕头机			6					
		皮带传送机			7					
		变频电源			8					
		双泵恒压供水			9					
		三泵恒压供水			10					
		四泵恒压供水			11					
		转矩控制			12					
		稳压电源			13					
		恒流电源			14					
F62	端子控制模式	标准运行控制			0			—	0	×
		二线制运行控制			1					
		三线制运行控制方式 1			2					
		三线制运行控制方式 2			3					
		三线制运行控制方式 3			4					
F63	MSS 端子功能选择	无功能			0			—	0	×
		MSS 多段速度控制			1					

普传 PI7800、PI7600 系列变频器可以根据不同的负载类型，自动调整最佳的运行数据。所以，用户须通过参数 F61 选择设定负载的类型。

参数 F62 可以设置使用端子控制起动/停止的方式。

F62 = 0 时的运行控制方式见下图，图中 FWD 表示正转，REV 表示反转，STOP 表示停止。触点 FWD/STOP 短接时为正转运行，触点 REV/STOP 短接时为反转运行，触点断开时停车。

（续）

F62 = 1 时的二线制运行控制方式见下图，图中 RUN/STOP 键为运行/停止键，触点短接时正转运行，断开时停车。在没有断开触点 RUN/STOP 时，要反转运行可以直接短接 FWD/REV（正转/反转键）。变频器有正转直接转换成反转运行的功能。

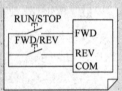

F62 = 2、3、4 时的三线制运行控制方式为电平触发，如下图所示，无需将触点持续短接。按一下 RUN 键为正转运行；按一下 REV/FWD 键转换为反转运行，按一下 STOP 键停车。

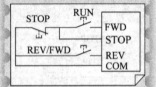

功能代码	功能描述	设定范围		单位	出厂设定	更改限制
F63	MSS 端子功能选择	MSS 多段加速度控制	2	—	0	×
		寸动正反转控制 + PID 正反转切换	3			
		频率设定模式切换	4			
		转矩上限切换	5			
		MSS 定时运行	6			
		控制模式切换	7			
		程序运行段复位	8			
		PID 调节模式切换	9			
F64	输入端子极性	0 ~ 255		—	0	×
F65	监视选择 2	给定频率	0	—	1	×
F66	监视选择 3	实际频率	1	—	2	×
		电动机实际电流	2			
		电流百分比	3			
		直流母线电压	4			
		输出电压	5			
		电动机实际转速	6			
		累计运行时间	7			
		IGBT 温度	8			
		PID 给定值	9			
		PID 反馈值	10			
		电动机输出功率	11			
		励磁给定值	12			
		励磁实际值	13			
		转矩给定值	14			
		转矩实际值	15			

2. 普传 PI7800、PI7600 系列变频器的其他参数组

其他参数组中的 F67 V/F 曲线设置、F68 MSS 多段速度控制、F69 输入/输出参数、F70 电流环参数、F71 速度环参数、F72 PID 参数、F73 变频器系统参数、F74 电动机参数等分别见表 5-2 ~ 表 5-9。

表 5-2 F67 V/F 曲线设置

功能代码	功能描述	设定范围		单位	出厂设定	更改限制
U00	V/F 设定频率 1	0.00 ~ U02	F03 = 0	Hz	5.00	×
		0.0 ~ U02	F03 = 1		50.0	
U01	V/F 设定电压 1	0 ~ U03		%	5	×
U02	V/F 设定频率 2	U00 ~ U04	F03 = 0	Hz	10.00	×
			F03 = 1		100.0	
U03	V/F 设定电压 2	U01 ~ U05		%	10	×
U04	V/F 设定频率 3	U02 ~ U06	F03 = 0	Hz	15.00	×
			F03 = 1		150.0	
U05	V/F 设定电压 3	U03 ~ U07		%	15	×
U06	V/F 设定频率 4	U04 ~ U08	F03 = 0	Hz	20.00	×
			F03 = 1		200.0	
U07	V/F 设定电压 4	U05 ~ U09		%	20	×
U08	V/F 设定频率 5	U06 ~ U10	F03 = 0	Hz	25.00	×
			F03 = 1		250.0	
U09	V/F 设定电压 5	U07 ~ U11		%	25	×
U10	V/F 设定频率 6	U08 ~ U12	F03 = 0	Hz	30.00	×
			F03 = 1		300.0	
U11	V/F 设定电压 6	U09 ~ U13		%	30	×
U12	V/F 设定频率 7	U10 ~ U14	F03 = 0	Hz	35.00	×
			F03 = 1		350.0	
U13	V/F 设定电压 7	U11 ~ U15		%	35	×
U14	V/F 设定频率 8	U12 ~ 最大频率	F03 = 0	Hz	40.00	×
			F03 = 1		400.0	
U15	V/F 设定电压 8	U13 ~ 100		%	40	×

表 5-3 F68 MSS 多段速度控制

功能代码	功能描述	设定范围		单位	出厂设定	更改限制
H00	1 段速度设定 1X	下限频率 ~ 上限频率	F03 = 0	Hz	5.00	√
			F03 = 1		50.0	
H01	2 段速度设定 2X	下限频率 ~ 上限频率	F03 = 0	Hz	10.00	√
			F03 = 1		100.0	
H02	3 段速度设定 3X	下限频率 ~ 上限频率	F03 = 0	Hz	20.00	√
			F03 = 1		200.0	

参数 F67 的设置可以调整变频器输出频率与输出电压的关系曲线，即 V/F 曲线。

变频器的 V/F 曲线可以是一条直线，其起点是坐标的原点，终点是坐标中与设定的额定电压 （380V）、基本频率 （50Hz） 所对应的那个点。 通过参数 F67 的设置，最多可以有 8 组设定频率和设定电压， 它们分布在上述 V/F 曲线上，改变了 V/F 曲线的形状， 从而更好地适应电动机的起动或运行需求。 如下图所示。

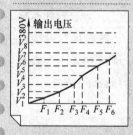

参数 F68 参数组调节控制的是多段速运行，可对 7 个段速的运行频率、运行时长、 加速时间、 减速时间和运转方向等进行设置。

（续）

功能代码	功能描述	设定范围		单位	出厂设定	更改限制
H03	4 段速度设定 4X	下限频率～上限频率	F03＝0	Hz	30.00	√
			F03＝1		300.0	
H04	5 段速度设定 5X	下限频率～上限频率	F03＝0	Hz	40.00	√
			F03＝1		400.0	
H05	6 段速度设定 6X	下限频率～上限频率	F03＝0	Hz	45.00	√
			F03＝1		450.0	
H06	7 段速度设定 7X	下限频率～上限频率	F03＝0	Hz	50.00	√
			F03＝1		500.0	
H07	1 段运行时间 T1	0.0～3200.0		s	2.0	√
H08	2 段运行时间 T2	0.0～3200.0		s	2.0	√
H09	3 段运行时间 T3	0.0～3200.0		s	2.0	√
H10	4 段运行时间 T4	0.0～3200.0		s	2.0	√
H11	5 段运行时间 T5	0.0～3200.0		s	2.0	√
H12	6 段运行时间 T6	0.0～3200.0		s	2.0	√
H13	7 段运行时间 T7	0.0～3200.0		s	2.0	√
H14	1 段加速时间 at1	0.1～3200.0		s	10.0	√
H15	1 段减速时间 dt1	0.1～3200.0		s	10.0	√
H16	2 段加速时间 at2	0.1～3200.0		s	10.0	√
H17	2 段减速时间 dt2	0.1～3200.0		s	10.0	√
H18	3 段加速时间 at3	0.1～3200.0		s	10.0	√
H19	3 段减速时间 dt3	0.1～3200.0		s	10.0	√
H20	4 段加速时间 at4	0.1～3200.0		s	10.0	√
H21	4 段减速时间 dt4	0.1～3200.0		s	10.0	√
H22	5 段加速时间 at5	0.1～3200.0		s	10.0	√
H23	5 段减速时间 dt5	0.1～3200.0		s	10.0	√
H24	6 段加速时间 at6	0.1～3200.0		s	10.0	√
H25	6 段减速时间 dt6	0.1～3200.0		s	10.0	√
H26	7 段加速时间 at7	0.1～3200.0		s	10.0	√
H27	7 段减速时间 dt7	0.1～3200.0		s	10.0	√

多段速运行时，每个段速都有加速时间和减速时间，其定义与非多段速运行相同。

（续）

功能代码	功能描述	设定范围								单位	出厂设定	更改限制
H28	1段速度加减速时间和运行方向	减速时间	千位	加速时间	百位	运行时间	十位	运行方向	个位	—	0	√
		×1s	0	×1s	0	×1s	0	正向	0			
		×30s	1	×30s	1	×10s	1					
		×600s	2	×600s	2	×100s	2	反向	1			
		×3600s	3	×3600s	3	×1000s	3					
H29	2段速度加减速时间和运行方向	减速时间	千位	加速时间	百位	运行时间	十位	运行方向	个位	—	0	√
		×1s	0	×1s	0	×1s	0	正向	0			
		×30s	1	×30s	1	×10s	1					
		×600s	2	×600s	2	×100s	2	反向	1			
		×3600s	3	×3600s	3	×1000s	3					
H30	3段速度加减速时间和运行方向	减速时间	千位	加速时间	百位	运行时间	十位	运行方向	个位	—	0	√
		×1s	0	×1s	0	×1s	0	正向	0			
		×30s	1	×30s	1	×10s	1					
		×600s	2	×600s	2	×100s	2	反向	1			
		×3600s	3	×3600s	3	×1000s	3					
H31	4段速度加减速时间和运行方向	减速时间	千位	加速时间	百位	运行时间	十位	运行方向	个位	—	0	√
		×1s	0	×1s	0	×1s	0	正向	0			
		×30s	1	×30s	1	×10s	1					
		×600s	2	×600s	2	×100s	2	反向	1			
		×3600s	3	×3600s	3	×1000s	3					
H32	5段速度加减速时间和运行方向	减速时间	千位	加速时间	百位	运行时间	十位	运行方向	个位	—	0	√
		×1s	0	×1s	0	×1s	0	正向	0			
		×30s	1	×30s	1	×10s	1					
		×600s	2	×600s	2	×100s	2	反向	1			
		×3600s	3	×3600s	3	×1000s	3					

参数 H31 可以设置一个 4 位的阿拉伯数字，其各位的功能各不相同，例如，参数 H31 设置为 1120，参数 H20 和 H21 设置的加速时间、减速时间都是 1，则第 4 段速的加速时间就是 1×30s＝30s。H10 设置的第 4 段速运行时间是 2.0，则由于参数 H31 设置中的十位数为 2，第 4 段速实际的运行时间是 2.0×100s＝200s。参数 H31 设置中的个位数为 0，则确定了电动机将正向运行。

（续）

功能代码	功能描述	设定范围								单位	出厂设定	更改限制
H33	6段速度加减速时间和运行方向	减速时间	千位	加速时间	百位	运行时间	十位	运行方向	个位	—	0	√
		×1s	0	×1s	0	×1s	0	正向	0			
		×30s	1	×30s	1	×10s	1					
		×600s	2	×600s	2	×100s	2	反向	1			
		×3600s	3	×3600s	3	×1000s	3					
H34	7段速度加减速时间和运行方向	减速时间	千位	加速时间	百位	运行时间	十位	运行方向	个位	—	0	√
		×1s	0	×1s	0	×1s	0	正向	0			
		×30s	1	×30s	1	×10s	1					
		×600s	2	×600s	2	×100s	2	反向	1			
		×3600s	3	×3600s	3	×1000s	3					

表5-4　F69 输入／输出参数

功能代码	功能描述	设定范围		单位	出厂设定	更改限制
o00	V2 输入滤波时间	2～200		ms	10	√
o01	V2 输入最小电压	0.00～o02		V	0.00	√
o02	V2 输入最大电压	o01～10.00		V	10.00	√
o03	I 输入滤波时间	2～200		ms	10	√
o04	I 输入最小电流	0.00～o05		mA	0.00	√
o05	I 输入最大电流	o04～20.00		mA	20.00	√
o06	DA1 输出端子	不动作	0	—	0	√
o07	DA2 输出端子	给定频率	1		0	√
		实际频率	2			
		实际电流	3			
		输出电压	4			
		母线电压	5			
		IGBT 温度	6			
		输出功率	7			
		输出转速	8			
		转矩实际值	9			

参数组 F69

对与输入、输出有关的各种参数的功能名称和设置进行了规范。这里可以设置输出端子上输出信号的内容，以利于更方便快捷地监视、维护变频器。也能对输入最小电压、输入最大电压等进行设置。

（续）

功能代码	功能描述	设定范围		单位	出厂设定	更改限制
o08	DA1 输出下限调整	0.0 ~ o09		%	0.0	√
o09	DA1 输出上限调整	o08 ~ 100.0		%	100.0	√
o10	DA2 输出下限调整	0.0 ~ o11		%	0.0	√
o11	DA2 输出上限调整	o10 ~ 100.0		%	100.0	√
o12	DFM 倍数调整	1 ~ 20		—	1	√
		无功能	0			
		故障报警	1			
		过电流检测	2			
		过载检测	3			
		过电压检测	4			
		欠电压检测	5			
		低载检测	6			
		过热检测	7			
		有命令运行状态	8			
		PID 反馈信号异常	9			
		电动机反转状态	10			
		设定频率到达	11			
		上限频率到达	12			
o13	输出信号选择 1	下限频率到达	13	—	0	√
o14	输出信号选择 2	FDT 频率设定 1 到达	14	—	0	√
o15	输出信号选择 3	FDT 频率水平检测	15	—	0	√
o16	输出信号选择 4	零速运行	16	—	0	√
o17	输出信号选择 5	位置到达	17	—	1	√
o18	输出信号选择 6	PG 错误	18	—	8	√
		程序运行一周期完成	19			
		速度追踪模式检测	20			
		无命令运行状态	21			
		变频器命令反转	22			
		减速运行	23			
		加速运行	24			
		高压力到达	25			
		低压力到达	26			
		变频器额定电流到达	27			
		电动机额定电流到达	28			
		输入下限频率到达	29			
		FDT 频率设定 2 到达	30			
		I/O 故障代码输出	31*			
		DFM 数位频率输出	32*			

参数 o13 ~ o18 是 6 个功能参数的代码，它们可以设置图 5-1 中的输出信号 1 ~6 对应输出那一项输出参数，以及输出的方式，输出信号 1 ~4 是集电极开路输出方式，输出信号 5、6 是触点信号输出。

例如，参数 o13 设置为 11 （设定频率到达），则变频器的输出频率从开机时的较低频率升高至设定频率时，图 5-1 中的输出信号 1 可通过外接电源、电阻 R 点亮一只发光管 LED，用作设定频率到达的指示。参见下图。

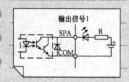

* 表示只有 o13 ~ o16 可以设为 31、32，o17 ~ o18 最大只能设为 30。

（续）

功能代码	功能描述	设定范围		单位	出厂设定	更改限制
o19	最小输入频率	0.00 ~ F13	F03 = 0	Hz	0.00	√
		0.0 ~ F13	F03 = 1		0.0	
o20	最大输入频率	0.00 ~ F13	F03 = 0	Hz	50.00	√
		0.0 ~ F13	F03 = 1		500.0	

表 5-5 F70 电流环参数

功能代码	功能描述	设定范围	单位	出厂设定	更改限制
C00	检测滤波时间	2 ~ 200	ms	10	√
C01	参考值滤波时间	2 ~ 200	ms	10	√
C02	电流环积分时间	0 ~ 9999	ms	500	√
C03	电流环比例增益	0 ~ 1000	%	100	√
C04	转矩上限值	0.0 ~ 200.0	%	80.0	√
C05	励磁给定值	0.0 ~ 100.0	%	☆	√

表 5-6 F71 速度环参数

功能代码	功能描述	设定范围	单位	出厂设定	更改限制
d00	速度环滤波时间	2 ~ 200	ms	10	√
d01	速度环积分时间	0.01 ~ 100.00	s	0.25	√
d02	速度环微分时间	0.000 ~ 1.000	s	0.000	√
d03	速度环比例增益	0 ~ 1000	%	100	√

表 5-7 F72 PID 参数

功能代码	功能描述	设定范围				单位	出厂设定	更改限制
P00	PID 调节方式	异常处理	十位	调节方式	个位	—	10	×
		警告继续运行	1	负作用	0			
		警告减速运行	2	正作用	1			
		警告自由停车	3					
P01	输出频率限制	0 ~ 110				%	100	×
P02	反馈信号选择	外接端子 IF：0 ~ 20mA	0			—	2	×
		外接端子 IF：4 ~ 20mA	1					
		外接端子 VF：0 ~ 10V	2					
		外接端子 VF：1 ~ 5V	3					

（续）

功能代码	功能描述	设定范围		单位	出厂设定	更改限制
P03	给定信号选择	外接端子 I2：0～20mA	0	—	3	×
		外接端子 I2：4～20mA	1			
		外接端子 V2：0～10V	2			
		键盘输入	3			
		RS-485 输入	4			
		键盘电位器给定	5			
P04	键盘给定信号值	0.0～100.0		%	50.0	√
P05	PID 积分时间	0.01～100.00		s	0.25	√
P06	PID 微分时间	0.000～1.000		s	0.000	√
P07	PID 比例增益	0～1000		%	100	√
P08	PID 故障检测时间	0.0～3200.0		s	300.0	√

表 5-8　F73 变频器系统参数

功能代码	功能描述	设定范围			单位	出厂设定	更改限制
y00	出厂值重置	不恢复	0		—	0	×
		恢复	1				
y01	故障历史记录1	通过按下［PRG］和［▲/▼］键，可以查询故障发生时刻的频率、电流和运行状态			—	—	×
y02	故障历史记录2						
y03	故障历史记录3						
y04	故障历史记录4						
y05	故障历史记录5						
y06	故障记录复位	无动作	0		—	0	√
		复位	1				
y07	额定输出电流	0.1～1000.0			A	☆	×
y08	额定输入电压	100～1140			V	☆	×
y09	产品系列	70	0	3	—	☆	×
		家族代号	产品系列	输入电压等级			
y10	软件版本	—			—	—	×

PID 控制时，PID 积分时间、PID 微分时间和 PID 比例增益是三个最重要的参数，有时需要在运行中反复调试。

这三个参数的调试可在系统运行中进行。

当变频器的参数经过多次反复修改设置后，必要时，可将参数 y00 设置为 1（出厂值为 0），以将所有参数恢复出厂值。

系统参数恢复出厂值后，可以消除先期设置参数遗留痕迹对新系统参数运行的不良影响。

（续）

功能代码	功能描述	设定范围		单位	出厂设定	更改限制
y11	波特率	波特率是 1200	0	—	3	×
		波特率是 2400	1			
		波特率是 4800	2			
		波特率是 9600	3			
		波特率是 19200	4			
		波特率是 38400	5			
y12	本机通信地址	1 ~ 128		—	8	×
y13	累计时间设定	开机后自动清零	0	—	1	√
		开机后继续累加	1			
y14	累计时间单位	小时	0	—	0	√
		天	1			
y15	产品日期－年	YYYY		—	—	×
y16	产品日期－月日	MMDD		—	—	×
y17	管理员解码输入	0 ~ 9999	设定范围	—	—	√
		记录密码输入错误次数	显示内容			
y18	管理员密码输入	0 ~ 9999	设定范围	—	—	√
		未设定密码或解码输入正确	deco			
			显示内容			
		参数已经锁定	code			

进行远程通信时，应设置通信的波特率。

参数 b00 ~ b05 这 6 个参数是电动机的重要技术参数，将其设置到变频器中，变频器可对实际运行参数与额定参数进行比较，从而进行必要的调整或保护。

表 5-9　F74 电动机参数

功能代码	功能描述	设定范围		单位	出厂设定	更改限制
b00	电动机极对数	1 ~ 8		—	2	×
b01	电动机额定电流	y07 *（30% ~ 120%）		A	☆	×
b02	电动机额定电压	100 ~ 1140		V	☆	×
b03	电动机额定转速	500 ~ 5000		r/min	1500	×
b04	电动机额定频率	0.00 ~ F13	F03 = 0	Hz	50.00	×
		0.0 ~ F13	F03 = 1		500.0	

（续）

功能代码	功能描述	设定范围		单位	出厂设定	更改限制
b05	电动机空载电流	0.0 ~ b01		A	☆	×
b06	定子电阻	0.000 ~ 30.000		Ω	☆	×
b07	转子电阻	0.000 ~ 30.000		Ω	☆	×
b08	漏感	0.0 ~ 3200.0		mH	☆	×
b09	互感	0.0 ~ 3200.0		mH	☆	×
b10	PG 脉冲数	100 ~ 9999		—	2048	×
b11	PG 断线时动作	继续运行	0	—	0	×
		警告减速停车	1			
		警告自由停车	2			
b12	PG 转动方向	电动机正转时 A 相超前	0	—	0	×
		电动机正转时 B 相超前	1			
b13	电动机参数测量	不进行测量	0	—	0	×
		运行前进行测量	1			
b14	转速监视增益	0.1 ~ 2000.0		%	100.0	√
b15	比例联动系数	0.10 ~ 10.00		—	1.00	√
b16	Reserved	0		—	0	×
b17	Reserved	0		—	0	×

5.1.2 普传 PI7800、PI7600 系列变频器功能参数说明

1. 基本参数组

F00 监视选择 出厂设定值：0

可设置为 0 ~ 15，分别对应于以下 16 种监视对象：

0：给定频率，频率设定方式下设定的频率。

1：实际频率，变频器当前的输出频率。

2：电动机实际电流，电动机电流的检测值。

3：电流百分比，电机实际电流和额定电流的百分比。

4：直流母线电压，直流母线上电压的检测值。

5：变频器输出电压，变频器的实际输出电压。

6：电动机实际转速，电动机实际运行速度。运行状态下，电动机实际转速 = 60 × 实际输出频率 × 转速监视增益/电动机极对数。

例如：实际输出频率为 50.00Hz，转速监视增益 b14 =

100.0%，电动机极对数 b00 = 2，则电动机实际转速 = 1500r/min。

停止状态下，根据残压检测电动机转速，刷新速度为 500ms。

电动机实际转速 = 60 × 残压频率 × 转速监视增益/电动机极对数。

7：累计运行时间

变频器每次运行时间的累计和，以小时或天为单位。

例如：如果 LED 显示值为 10.31，y14 设为 0（以小时为单位），则表示该机器运行实际时间是 10 小时 18 分 36 秒；如果 LED 显示值是 20.03，y14 设为 1，（以天为单位）则表示该机器运行实际时间是 20 天 43 分 12 秒。

8：IGBT 温度，检测到的变频器内 IGBT 的温度。

9：PID 给定值，PID 调节运行时的给定值百分比。

10：PID 反馈值，PID 调节运行时的反馈值百分比。

11：电动机输出功率，电动机实际输出功率百分比。

12：励磁分量给定值，电动机给定励磁分量百分比。

13：励磁分量实际值，电动机实际励磁分量百分比。

14：转矩分量给定值，电动机给定转矩分量百分比。

15：转矩分量实际值，电动机实际转矩分量百分比。

F01　控制模式　出厂设定值：0

控制模式的选择，可设置为 0~2。

0：无 PG V/F 控制，V/F 空间电压矢量控制。

1：带 PG V/F 控制，V/F 空间电压矢量控制 + 转速传感器。

2：带 PG 矢量控制，矢量控制 + 转速传感器。

F02　给定频率　出厂设定值：50.00/500.0Hz

设定的运行频率，可以是下限频率到上限频率之间的任意一个频率。

F03　频率倍数设置　出厂值设定：0

由相关参数（F02、F13、F14、F16、F17、F22、F26、F31、F32、F33、F34、F37、F38、F39、F40、F58、F59、F60、H00、H01、H02、H03、H04、H05、H06 等）设定的频率，实际执行时还应考虑和计算 F03 设置的倍数。F03 = 0 时，倍数为 1；F03 = 1 时，

倍数为 10。例如 F13 最大频率这个参数的设定范围为 10.00 ~ 300.00Hz。如果 F03 = 0，则倍数为 1，设定范围维持不变。如果 F03 = 1，则倍数为 10，设定范围变为 100.0 ~ 800.0Hz。注意，此处中的 300Hz 并没有增大 10 倍成为 3000Hz，这是因为变频器最大输出频率只能达到 800.00Hz 的缘故。

F04　频率设定模式　出厂设定值：0

频率的设定方式，可设定为 0 ~ 19，分别对应如下：

0：键盘或 RS485 设定。

1：模拟输入 V2 设定频率。

2：模拟输入 I2 设定频率。

3：模拟输入 V2 和 I2 同时作用。

4：上升/下降控制方式 1。

5：程序运行。

不受反转禁止限制，其运行方向由多段速度运行方向（H28 ~ H34）的设定和端子 FWD/REV 来确定，见 H28 ~ H34 多段速度运行方向的相关说明。

6：摆频运行，按摆频运行设置运行。

7：PID 调节方式。

8：keypad 电位器给定，频率通过键盘电位器进行设定。

9：V2 正反转给定，模拟输入信号 V2 用作正反转频率给定信号，当 V2 大于 o01（V2 输入最小电压）时，该信号设定正转频率；当 V2 小于 o01 时，该信号设定反转频率。V2 正反转给定的示意图如图 5-2 所示。

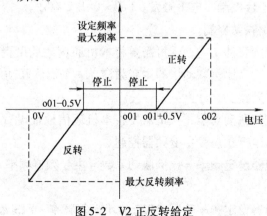

图 5-2　V2 正反转给定

如果参数 F03 设置为 1，F13 设置的最大频率大于 80Hz 时将无意义，因为变频器的输出频率最大为 800.00Hz。

V2 是普传变频器的一个模拟输入端，可见图 5-1。V2 的最小输入电压和最大输入电压分别由参数 o01 和 o02 设定，可参见表 5-4。

由图 5-1 可见，V2 的输入电压范围为 0 ~ 10V，所以参数 o02 设定范围为 o01 ~ 10V，即表示 o01 ＜电压 ≤ 10V。图 5-2 中的坐标原点是 o01 的设定值，在 o01 ±0.5V 的范围内，变频器停止输出。

如果将参数 F04 设置为 9，则图 5-1 中连接在 V2 输入端的 1kΩ 电位器可以调整变频器的输出频率和旋转方向。当 1kΩ 电位器的调整电压使 V2 端在 $(o01 + 0.5V)$ ~ o02 之间变化时，变频器输出 0Hz ~ 最大频率（例如 50Hz）的正转频率。当 1kΩ 电位器的调整电压使 V2 端在 $(o01 - 0.5V)$ ~ 0V 之间变化时，变频器输出反转频率，频率范围是 0Hz 至某一适当的频率。这个适当的频率范围与正转时相同电压变化范围对应的频率变化范围相等。

图 5-2 中示出的反转频率达到了最大反转频率，只是一个调试特例。

10：keypad 电位器正反转给定。

11：V2 比例联动微调，见比例联动相关说明。

12：I2 比例联动微调，见比例联动相关说明。

13：上升/下降控制方式 2，见上升/下降控制方式 1 中的相关说明。

14：上升/下降控制方式 3，见上升/下降控制方式 1 中的相关说明。

15：上升/下降控制方式 4，见上升/下降控制方式 1 中的相关说明。

16：上升/下降控制方式 5，见上升/下降控制方式 1 中的相关说明。

17：上升/下降控制方式 6，见上升/下降控制方式 1 中的相关说明。

18：V2 + PID 调节方式，见 PID 调节方式相关说明。

19：I2 + PID 调节方式，见 PID 调节方式相关说明。

F05　运行控制模式　出厂设定值：0

停止和运行指令的控制方式。

0：键盘 + RS485/CAN 控制。

1：键盘 + 端子台 + RS485/CAN 控制。

对端子控制，边沿触发，下降沿执行正/反转命令，上升沿执行停止命令。

注意，此时 F62 = 0 即端子控制模式选择标准运转控制有效。

2：RS485/CAN 控制。

3：端子台控制，电平触发。F62 = 0/1/2 有效。

4：比例联动控制。

使用比例联动功能，主机需要将本机通信地址设置为 128。即将变频器设定为比例联动中的主变频器，一个比例联动应用中，只有一台主变频器。

使用比例联动功能，从机需要将本机通信地址设置为 0 ~ 127，从变频器的运行状态受主变频器控制。

从变频器设定频率 = 比例联动系数 × 主变频器频率 + 电位器微调值。

从变频器设定频率范围：F22 最小运行频率 ~ F13 最大频率。

F06 波形产生模式 出厂设定值：1

PWM 波形的产生方式。

0：异步空间矢量 PWM。

1：分段同步空间矢量 PWM，谐波最小化。

2：二相优化空间矢量 PWM，开关损耗最小化。

F07 自动转矩提升 出厂设定值：0%

该参数用于改善变频器低频特性，在低频段运行时对变频器输出电压进行提升补偿。

提升电压计算公式如下：

提升电压 = 电动机额定电压 ×（变频器当前输出电流/2 倍电动机额定电流）× F07。

转矩提升后的曲线见图 5-3 和图 5-4 。

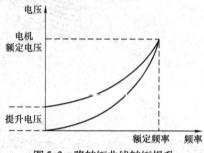

图 5-3 降转矩曲线转矩提升

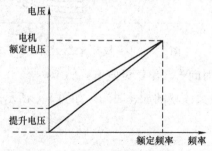

图 5-4 恒转矩曲线转矩提升

F08 V/F 提升方式 出厂设定值：2

所谓 "V/F 提升"，就是在变频器输出频率较低时，相应提升输出电压，从而调整负载转矩。本参数可设置 0～61 共 62 种 V/F 提升方式，其中，0～20 适合恒转矩负载，21～40 适合 1.5 次方递减转矩负载，41～50 适合平方递减转矩负载，51～60 适合三次方递减转矩负载，

使用参数 F07 进行自动转矩提升时，由图 5-3 和图 5-4 可见，变频器在 0Hz 频率输出时就有一个适当大小的提升电压。这对一些起动转矩较大的负载来说明显是有益的。

由参数 F08 设置的 "V/F 提升" 就是在变频器输出频率较低时，相应提升输出电压，从而调整负载转矩。这与参数 F07 的功能效果是不同的。参数 F07 设置后，转矩提升效果是由一个计算式确定的，计算结果与电动机的额定参数、变频器的运行参数相关。而参数 F08 的设定值设置后，是从图 5-5 中的几十条提升曲线中很明确地选择了一条曲线。

61 用户自定义。转矩提升示意图如图 5-5 所示。图中 Fbase 是基本频率，U_n 额定电压。

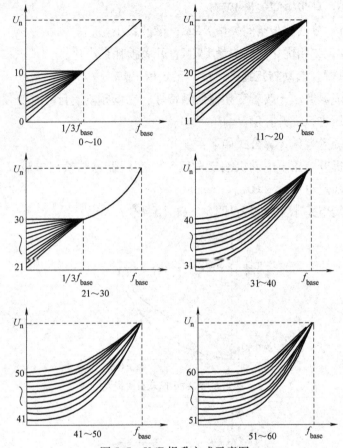

图 5-5　V/F 提升方式示意图

F09　加速时间　出厂设定值：10.0s

从 0Hz 到最大频率的加速时间，如图 5-6 所示。

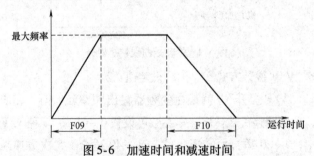

图 5-6　加速时间和减速时间

F10　减速时间　出厂设定值：10.0s

加速时间和减速时间的定义在几乎所有的变频器中都是相同的；从 0Hz 加速到最大频率所需的时间称作加速时间。从最大频率减速到 0Hz 所需的时间称作减速时间。

定义的区别在于，有的变频器将最大频率称作最高频率、基本频率等。

从最大频率到 0Hz 的减速时间，如图 5-6 所示。

实际的加减速时间还要在该设定的加减速时间基础上乘以一个时间倍数，该时间倍数由时间单位设置 F56 的十位决定，见 F56 相关说明。

F11　转差补偿 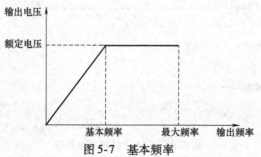　出厂设定值：0%

当变频器驱动异步电动机时，负载增加，转差增大，该参数可设定补偿频率，降低转差，使电动机在额定电流下运转速度更接近同步转速。设定值为 0，无转差补偿功能。

使用转差补偿功能需正确设定 b01 电动机额定电流、b05 电动机空载电流。

计算公式如下：补偿频率 = 转差补偿 × 额定频率 × $(I_{MX} - I_{M0})/(I_{MN} - I_{M0})$

其中：

I_{MX} 电动机实际工作电流

I_{MN} 电动机额定电流

I_{M0} 电动机空载电流

F12　输出电压百分比　出厂设定值：100%

实际输出电压和额定输出电压的百分比。

用于调整输出电压，输出电压 = 变频器额定输出电压 × 输出电压百分比。

F13　最大频率　出厂设定值：50.00/500.0Hz

变频器调速所允许输出的最大频率，也是加/减速时间设定的依据。此参数的设定，应考虑电动机的调速特性及能力。

F14　基本频率　出厂设定值：50.00/500.0Hz

对应不同基频的电动机选用此功能。基本 V/F 特性曲线如图 5-7 所示。

图 5-7　基本频率

参数 F11 的设置可以补偿电动机因负载加重引起的转速降低，即转差率增大。该参数在变频器出厂时设置为 0%，即没有转差补偿功能。

F15　载波频率 　出厂设定值：见表 5-10。

当低载波频率运行时，则与上述现象大体相反。

不同的电动机对载波频率的反应也不相同。最佳的载波频率也需按实际情况进行调节而获得。但随着电动机容量的增大，载波频率应该选得较小。

载波频率出厂值与功率的关系见表 5-10。

表 5-10　载波频率出厂值与功率的关系

功率/kW	0.4～18.5	22～30	37～55	75～110	132～200	220 以上
载波/kHz	8.0	7.0	4.0	3.6	3.0	2.5

注意：载波频率越大，整机的温升就越高。

载波频率与马达噪声、电气干扰、开关损耗的关系见表 5-11。

表 5-11　载波频率与马达噪声、电气干扰、开关损耗的关系

马达噪声	电气干扰	载波频率/kHz	开关损耗
大	小	1.0	小
↕	↕	8.0	↕
小	大	16.0	大

F16　下限频率 　出厂设定值：0.00/0.0Hz

输出频率的下限。

F17　上限频率 　出厂设定值：50.00/500.0Hz

输出频率的上限。

当频率设定指令高于上限时，运转频率为上限频率；当频率设定指令低于下限频率时，运转频率为下限频率。起动处于停止状态的电动机时，变频器输出从 0Hz 开始按照一段加速时间向着上限或设定的频率加速。停止电动机时，从运行频率开始按照减速时间向 0Hz 作减速。示意图如图 5-8 所示。

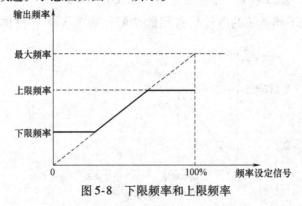

图 5-8　下限频率和上限频率

F18　S 曲线加速起始段　出厂设定值：0.0%
F19　S 曲线加速停止段　出厂设定值：0.0%
F20　S 曲线减速起始段　出厂设定值：0.0%
F21　S 曲线减速停止段　出厂设定值：0.0%

正常的变频器有多种加减速模式，变频器厂家在产品出厂时给出的是最基本的一种直线模式，其他的模式就要用户根据现场的要求来设定。例如：单 S 线，双 S 线，单倒 L 线，双倒 L 线等；那么，F18～F21 的参数就是调整以上几种模式的参数，这 4 个参数调整的时间区间依次对应着图 5-9 中 T_1（加速时间）的 1 段、3 段和 T_2（减速时间）的 3 段、1 段时间，T_1 和 T_2 的 2 段时间都为直线的加、减速的时间，不可改变。

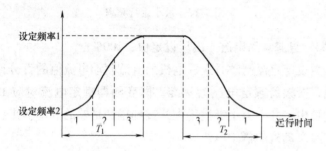

图 5-9　参数 F18～F21 调整后双 S 形加减速曲线

如果仅加速时需要单 S 线模式，减速还是直线的模式，只需将 F18 和 F19 的参数更改就行。图 5-9 是双 S 线的加减速模式，此时上述 4 个参数均需设定。双倒 L 加减速模式的参数只需更改 F19 和 F20 的参数，其他的两个参数不动。

图 5-9 中的设定频率 2 是起始的 0Hz 或下限的设定频率，设定频率 1 就是恒速的频率。加减速的时间都是从最小到最大频率之间的所用的时间，而不是一段频率内的时间。

F22　最小运行频率　出厂设定值：0.00/0.0Hz

设定频率（给定频率）低于最小运行频率时，变频器将停止运转，也就是说，当设定频率（给定频率）小于最小运行频率时，都判定设定频率为零。

"最小运行频率"比"下限频率"的优先级要高。仅当最小运行频率设为 0Hz 时，下限频率具有优先权。最小运行频率、设定频

参数 F22 可以设置最小运行频率，当设定频率小于最小运行频率时，变频器将停止运转。

设定频率、最小运行频率和下限频率并不冲突，因为它们的优先权级别不同，其优先权顺序从高到低如下所示：

最小运行频率

下限频率

设定频率

也就是说，最小运行频率的设定值应小于下限频率，否则，设定频率使运行频率低于最小运行频率时，变频器将停止输出，无法运行在下限频率。或者说，仅当最小运行频率设为 0Hz 时，下限频率才具有完全的优先权。

同样，由于下限频率的优先权高于设定频率，所以如果设定频率低于下限频率时，变频器将以下限频率运行。

率（给定频率）和下限频率的参数设置对实际（输出）频率的影响如图 5-10 所示。

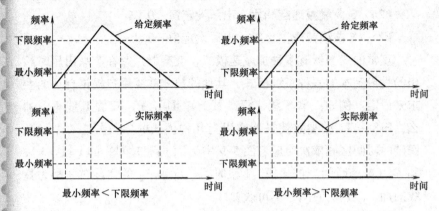

图 5-10　最小运行频率

F23　直流制动电流　出厂设定值：100%

参数设定直流制动时送入电机的直流制动电流值的百分比。此数值是以变频器额定电流为基准，即变频器额定电流对应 100%。设置过程中，务必由小慢慢增大，直到得到足够的制动转矩，而且不能超过电动机的额定电流。

F24　起动制动时间　出厂设定值：0.0s

起动时直流制动电压的持续时间。如图 5-11a 所示。

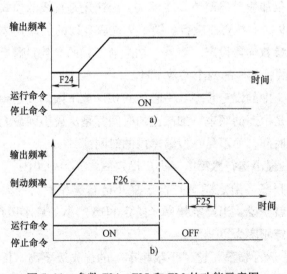

图 5-11　参数 F24、F25 和 F26 的功能示意图

F25　停止制动时间　出厂设定值：0.0s

停止时直流制动电压的持续时间。如图 5-11b 所示。

F26　制动起始频率　出厂设定值：0.00/0.0Hz

变频器在减速到此频率时，停止输出 PWM 波形，开始输出直流制动波形，见图 5-11b。

F27　停止方式设定　出厂设定值：0

当变频器接收到"停止"的指令后，变频器将依此参数的设定控制电动机的停止方式。

0：减速停止方式，变频器根据参数所设定的减速时间，以设定的减速模式减速至最低频率后停止。

1：自由停止方式，变频器接收到"停止"的指令后立即停止输出，电动机依负载惯性自由运转至停止。

F28　寸动加速时间　出厂设定值：10.0s

从 0Hz 加速到最大频率的时间。变频器从 0Hz 加速到寸动频率所需的时间小于寸动加速时间，如图 5-12 所示。

F29　寸动减速时间　出厂设定值：10.0s

从最大频率到 0Hz 的减速时间，变频器从寸动频率减速到 0Hz 所需的时间小于寸动减速时间，如图 5-12 所示。

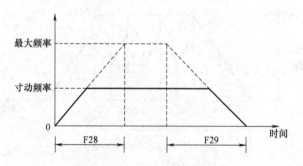

图 5-12　寸动加减速时间

实际的寸动加减速时间还要在该设定的加减速时间基础上乘以一个时间倍数，该时间倍数由时间单位设置 F56 的十位（加速时）和百位（减速时）决定，详见 F56 相关说明。

F30　寸动功能设置　出厂设定值：00

寸动功能设置的方法见表 5-12。

> 📝 变频器在起动时，先给电动机施以直流电压，使电动机从静止不动的状态开始起动。电动机停机时，频率降低到某一频率时，给电动机施以直流电压，使电动机快速停转。参数 F23～F26 就是设置这些功能的。

> 📝 参数 F28 和 F29 设置寸动加速时间和寸动减速时间时，需要考虑参数 F56 设置的时间倍数。

表 5-12　寸动功能设置的方法

寸动结束方式	十位	说明
停止运行	0	寸动结束时停止运行
恢复寸动前状态	1	寸动结束时恢复寸动前状态
方向	个位	说明
正向	0	寸动正向运行
反向	1	寸动反向运行

F31　寸动频率设定　出厂设定值：6.00/60.0Hz

寸动频率设定范围为下限频率到上限频率。

F32　摆频运行频率 1　出厂设定值：40.00/400.0Hz

F33　摆频运行频率 2　出厂设定值：20.00/200.0Hz

F34　摆频运行差频　出厂设定值：2.00/20.0Hz

F35　摆频运行定时 T1　出厂设定值：2.0s

F36　摆频运行定时 T2　出厂设定值：2.0s

根据摆频 f_1、摆频 f_2、Δf、T_1、T_2 计算加减速时间，如图5-13所示。

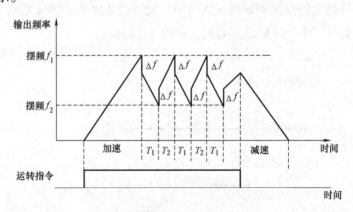

图 5-13　摆频运行

F37　回避频率 1　出厂设定值：0.00/0.0Hz

F38　回避频率 2　出厂设定值：0.00/0.0Hz

F39　回避频率 3　出厂设定值：0.00/0.0Hz

F40　回避频率范围　出厂设定值：0.00/0.0Hz

运转中要避免机械系统固有振动点所致共振时，可使用回避方式跳过此共振频率。最多可设置 3 个共振频率点执行回避。

回避频率范围是以回避频率为基准向上和向下回避的频率范围。

在加减速过程中，变频器的输出频率可正常穿越回避频率区。

回避频率和回避频率范围示意图如图 5-14 所示。

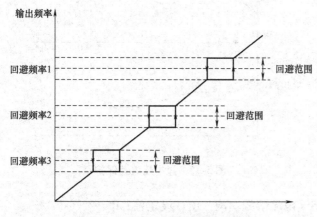

图 5-14　回避频率和回避频率范围

F41　自动稳压功能　出厂设定值：0

CPU 自动检测变频器直流母线电压并做出实时优选处理，当电网电压波动时，输出电压波动很小，其 V/F 特征始终接近额定输入电压时的设定状态。

0：无该功能。

1：有该功能。

2：有该功能，但减速时不用。

F42　过电压失速保护　出厂设定值：1

0：此功能无效

1：此功能有效

当变频器减速时，由于电动机负载惯量的影响，电动机会产生回馈电压至变频器内部，导致直流侧电压升高并超过最大允许值。当选择过电压失速保护功能有效时，变频器对直流侧电压进行检测，如果该电压过高，变频器会停止减速（输出频率保持不变），直到直流侧电压低于设定值时，变频器才会再执行减速。

带制动的机种及外接能耗制动单元时此功能应设为"0"。

过电压失速保护功能示意图如图 5-15 所示。由该图可见，图 5-15a 中的直流电压超过基准线时，图 5-15b 中的输出频率停止变

回避频率范围

在有的变频器中也称回避频率宽度。普传变频器范围是以回避频率为基准向上和向下回避的频率范围总宽度，可参见图 5-14。

过电压失速保护的意义在于，当变频器减速时，由于电动机负载惯量的影响，电动机由电动状态演变为发电状态，产生回馈电压导致直流侧电压升高并超过最大允许值。当选择过电压失速保护功能有效时，变频器对直流侧电压进行检测，如果该电压过高，变频器会停止减速，保持输出频率不变，直到直流侧电压低于设定值时，变频器才会继续执行减速。

若欲使该功能有效，须将参数 F42 设置为 1。保护有效时，直流侧电压变化与减速时频率变化的对应关系见图 5-15。

化；图5-15a中的直流电压低于基准线时，图5-15b中的输出频率执行降频减速。

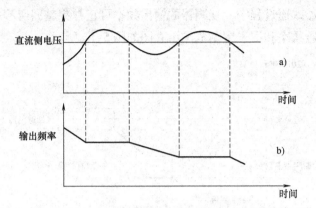

图5-15　过电压失速保护

F43　电流限幅功能　出厂设定值：0

0：此功能无效

1：此功能有效

此功能设定有效时，当变频器执行加速时，由于加速过快或电动机负载过大，变频器输出电流会急速上升，超过电流限幅值时（G/S型为额定电流的140%，F型为120%，Z/M/T型为170%，H型为230%），变频器会停止加速，当电流低于电流限幅值时，变频器才继续加速。

此功能设定有效时，当变频器执行稳速运行时，由于电动机负载过大，变频器输出电流会急速上升，超过电流限幅值时（G/S型为额定电流的140%，F型为120%，Z/M/T型为170%，H型为230%），变频器会降低输出频率，当电流低于电流限幅值时，变频器重新加速至设定频率。

电流限幅功能示意图如图5-16所示。由图5-16a可见，当变频器输出电流大于某一数值时，输出频率停止升高保持不变，输出电流减小后，输出频率继续升高。由图5-16b可见，当变频器执行稳速运行致使变频器输出电流大于某一数值时，变频器会降低输出频率，当电流低于电流限幅值时，变频器重新加速至设定频率。

F44　转速追踪选择　出厂设定值：0

该参数用于选择变频器追踪方式。

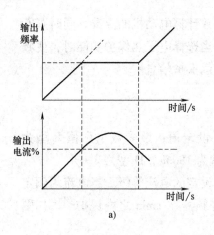
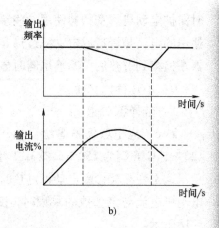

图 5-16　电流限幅功能

0：无转速追踪，即从 0Hz 或起动频率开始起动。

1：掉电追踪，当变频器瞬间掉电重新起动时，以电动机当前速度和方向继续运行。如图 5-17a 所示。

2：起动追踪，在上电时先检测电动机速度和方向，直接以电动机当前的速度和方向运行。如图 5-17b 所示。

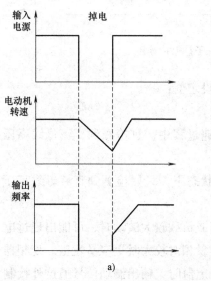
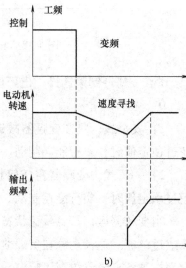

图 5-17　转速追踪选择功能

F45　电子热保护选择　出厂设定值：1

该功能是在电动机没有使用其他热继电器的情况下，出现过热时保护电动机。变频器使用一些参数计算电动机的温升，同时判断使用的电流是否造成电动机过热。当选择电子热保护功能时，变频器在检测到过热后关断输出同时显示保护信息。

0：不选择该功能

1：选择该功能

F46　电子热保护等级　出厂设定值：该参数出厂值 F 型为120%，G/S 型为150%，Z/M/T 型为180%，H 型为250%。

这是变频器诊断电动机过热时设定的电流等级。当电流为额定电动机电流与该参数的乘积时，变频器在1min之内保护，如图5-18所示。

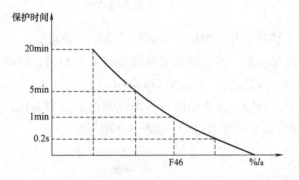

图 5-18　电子热保护等级

F47　能耗制动选择　出厂设定值：0

0：无。

1：安全式，只在变频器减速过程中，且检测到直流母线高压超过预定值时，实行能耗制动。

2：一般式，变频器在任何状态下，只要检测到直流母线高压超过预定值时，实行能耗制动。

当变频器运行于急减速状态或负载较大波动时，可能出现过电压或过电流。这种现象在负载惯量相对较大时更容易发生。变频器内部检测到直流母线高压超过一定值时，输出制动信号通过外接制动电阻实行能耗制动。用户可以选择带制动功能选件的机种来应用此功能。

F48　故障重置次数　出厂设定值：0

变频器运行中，发生过电流（OC）、过电压（OU）时，可以自动复位后重新以故障前设定状态运行。重置次数以此参数设定为准，最多可设定 10 次，当设定为 0 时，则故障后不执行自动重置功能。但若为直流主电路主继电器故障（MCC）或欠电压（LU）故障，此故障重置次数为无效。

当故障重启正常运行时间超过 36s 后，恢复原设定的故障重置次数。

当故障发生时间超过 10s，则不再执行故障重置功能。

F49 故障重置时间 出厂设定值：1.0s

设定故障自动重置的时间间隔。故障停机后，检测到无故障时间大于故障重置时间，则执行故障自动重置。

F50 程序运行方式 出厂设定值：0

0：单循环后停车。

1：连续无限循环，接收到 STOP（停止）指令后停车。

2：单循环结束后依最后的段速连续运行，接收到 STOP（停止）指令后停车。

程序运行三种方式分别介绍如下：

F50 设置为 0 时为程序运行单循环模式，该模式功能为按照参数设定的各段运行频率及加减速时间，运行一个循环后停机结束。如图 5-19 所示。

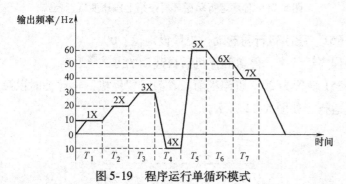

图 5-19 程序运行单循环模式

F50 设置为 1 时为程序运行连续循环模式，该模式功能为按照参数设定的各段运行频率及加减速时间，运行一个循环后接着运行下一个循环，直至接收到停机指令。如图 5-20 所示。

F50 设置为 2 时为程序运行中单循环结束后，依最后一段（图 5-21 中为第七段）速度持续运行的模式，该模式功能是，按照参

所谓程序运行，就是多段速运行。将参数 F50 设置为 0 时，多段速运行一个周期后即停车。设置为 1 时，连续无限循环，接收到停止指令后停车。设置为 2 时，单循环结束后依最后的段速连续运行，接收到停止指令后停车。

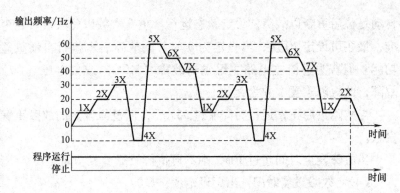

图 5-20　程序运行连续运行模式

数设定的各段运行频率及加减速时间，运行一个循环后，继续以最后一段的速度持续运行，直至接收到停机指令。如图 5-21 所示。

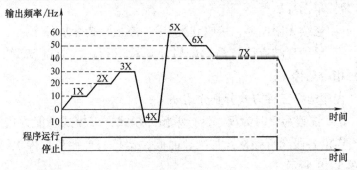

图 5-21　程序运行单循环后按第七段速度运行模式

F51　程序运行再起动　出厂设定值：00

程序运行中，停机和停机后再起动的方式。

F51 设置为 00：以停机前段参数设置停机；再起动时以第一段速度运行，如图 5-22 所示。

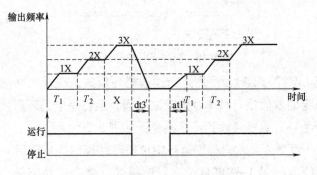

图 5-22　F51 设置为 00 时

F51 设置为 01：以停机前段参数设置停机；再起动时以停机前所运行的段速运行，如图 5-23 所示。

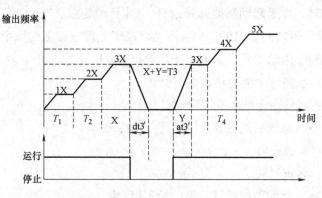

图 5-23　F51 设置为 01 时

F51 设置为 1X（十位设成 1，个位无效）：以第一段参数设置停机；再起动时以第一段速度运行，如图 5-24 所示。

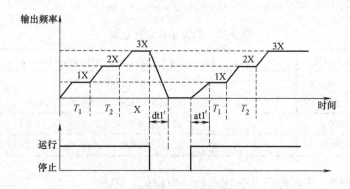

图 5-24　F51 设置为 1X 时

注：在图 5-22 ~ 图 5-24 中，

at1′：以一段加速时间加速所用的时间

dt1′：以一段减速时间减速所用的时间

at3′：以三段加速时间加速所用的时间

dt3′：以三段减速时间减速所用的时间

F52　RST 输入信号选择　出厂设定值：0

0：仅故障状态下作为复位输入信号，正常状态下无效。

1：正常状态下作为外部故障输入信号，故障状态下作为复位输入信号。

作为外部故障输入信号时，RST端子与COM闭合即认为外部故障有效；作为复位信号时先闭合，再断开。

F53　风扇起动温度（可选）☑　出厂设定值：0.0℃

设定风扇起动温度。当实际温度高于此设定温度时风扇动作。

F54　电动机运行方向　出厂设定值：0

0：正转命令使电动机逆时针转。

1：正转命令使电动机顺时针转。

F55　电动机反转禁止　出厂设定值：0

0：可以反转。

1：禁止反转。

F56　时间单位设置　出厂设定值：0

实际运行时间单位调整。其中个位定义运行时间单位，十位定义加速时间（加速时间F09、寸动加速时间F28）单位，百位定义减速时间（减速时间F10、寸动减速时间F29）单位，具体定义见表5-13。

表5-13　时间单位设置定义

加减速时间	十，百位	表示范围（比如F09，F10 = 3200.0）
×1s	0	3200.0 秒
×30s	1	3200.0×30 = 96000 秒 = 1600 分
×600s	2	3200.0×600 = 32000 分 = 533.33 小时
×3600s	3	3200.0×3600 = 192000 分 = 3200 小时

F57　节能运行百分比　出厂设定值：100%

该参数描述节能运行最小输出电压百分比。在恒速运转中，变频器可以由负载状况自动计算最佳输出电压供给负载☑。此参数确定输出电压最小降低值；如此参数设定为100%，则表示节电运转方式关闭。

节能有效时，变频器的实际电压输出值 = 变频器的额定输出电压×输出电压百分比×节能运转时节能输出电压百分比。

F58　FDT频率设定1　出厂设定值：0.00/0.0Hz

F59　FDT频率设定2　出厂设定值：0.00/0.0Hz

当输出信号选择（o13～o18，详见其他参数组中"F69输入/输出参数组"关于o13～o18的说明）设为14时，变频器输出频率到达或超过 FDT 频率设定 1 时，相应输出信号端子动作；变频器输出频率低于此参数所设定的频率时，相应输出信号端子不动作，如图 5-25 所示。

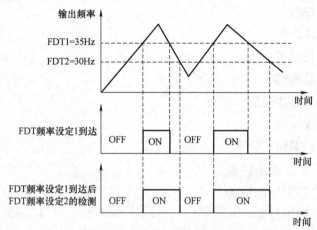

ON表示信号动作, OFF表示信号不动作

图 5-25　F58、F59 功能说明

当输出信号选择（o13～o18）设为 15 时，首先检测 FDT 频率设定 1，当变频器输出频率到达或超过 FDT 频率设定 1 时，相应输出信号端子动作；端子动作后，检测 FDT 频率设定 2，当变频器输出频率低于 FDT 频率设定 2 时，相应输出信号端子不动作。

例如：设 FDT 频率设定 1 为 35Hz，FDT 频率设定 2 为 30Hz，则输出信号端子如图 5-25 所示。

F60　频率检测幅度　出厂设定值：0.00/0.0Hz

该参数定义频率检测幅度，用于调整 I/O 输出功能。此功能是在 o13～o18 项设定为 11（设定频率到达）时，依据 F02 给定的频率使相应输出信号端子动作。例如：F60 = 3.00Hz，F02 = 40.00Hz 时，则频率升至 37.00Hz 时就会有信号端子动作。也就是说在达到设定频率的前 3.00Hz 的时候就有信号输出了，一直到所设定的频率都一直保持信号的输出。此参数应根据运行现场的技术要求来决定是否设定。无需设定时则执行出厂默认值。

F61　负载类型　出厂设定值：0

该参数定义负载类型，系统根据负载类型自动调整参数，以满足不同负载的特殊控制要求。

负载类型设定不当，可能会造成设备损坏。

0：通用

1：水泵

2：风机

3：注塑机

4：纺织机

5：提升机

6：磕头机

7：皮带传送机

8：变频电源

9：双泵恒压供水

10：三泵恒压供水

11：四泵恒压供水

12：转矩控制

13：稳压电源

14：恒流电源

F62 端子控制模式 出厂设定值：0

该参数设定端子运行控制模式。

0：标准运行控制。

1：二线制运行控制。

2：三线制运行控制方式 1。

3：三线制运行控制方式 2。

4：三线制运行控制方式 3。

F62 =0 时的标准运行控制方式如图 5-26 所示，触点短接时运行，断开时停车。触点 FWD/STOP 短接时为正转运行，触点 REV/STOP 短接时为反转运行。

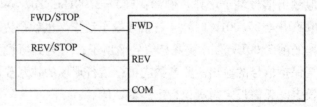

图 5-26 标准运行控制方式

F62 =1 时的二线制运行控制方式如图 5-27 所示，触点短接时

参数 F62 设置端子控制模式。即选择二线制或者三线制控制；选择起动或停止；选择正转或反转；选择触点持续闭合还是瞬间接触的所谓电平触发。

运行，断开时停车。触点 RUN/STOP 短接为正转运行，在没有断开触点 RUN/STOP 时，要反转运行可以直接短接 FWD/REV。变频器有正转直接转换成反转运行的功能。

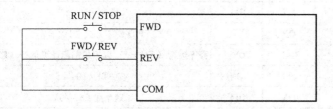

图 5-27　二线制运行控制方式

F62 = 2，3，4 时的三线制运行控制方式 1、2、3 参如图 5-28 所示。这几种控制方式为电平触发，无需将触点持续短接。按一下 RUN 为正转运行；按一下 REV/FWD 为反转运行，按一下 STOP 停车。

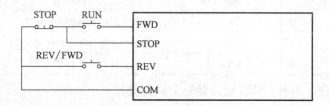

图 5-28　三线制运行控制方式 1、2、3

F63　MSS 端子功能选择　出厂设定值：0

该参数定义 SS1、SS2、SS3 端子功能。

0：无功能。

1：MSS 多段速度控制。仅 F04 为 0，1，2，3，8，9，10 时 MSS 多段速度有效，多段速度优先。

电平触发，低电平有效，MSS 端子功能选择参照 F68 参数组。

2：MSS 多段加速度控制。仅 F04 为 0，1，2，3，8，9，10 时 MSS 多段加速度有效。

电平触发，低电平有效，MSS 端子功能选择参照 F68 参数组。

3：寸动正反转控制 + PID 正反转切换。

4：频率设定模式切换，见表 5-14。

表 5-14　频率设定模式切换

SS3	SS2	SS1	频率设定模式切换
OFF	OFF	OFF	程序运行（F04 = 5）以第一段速度运行（F51 = 0）
OFF	OFF	ON	I2（F04 = 2）
OFF	ON	OFF	V2（F04 = 1）
OFF	ON	ON	PID 调节方式（F04 = 7）
ON	OFF	OFF	程序运行（F04 = 5）以停机前段速度运行（F51 = 1）
ON	OFF	ON	V2 + I2（F04 = 3）
ON	ON	OFF	键盘或 RS - 485
ON	ON	ON	键盘电位器

注：SS1、SS2、SS3 与 COM 断开为 OFF，SS1、SS2、SS3 与 COM 短接为 ON。

5：转矩上限切换（在 F61 = 12 转矩控制模式下有效），见表 5-15。

表 5-15　转矩上限切换

SS3	SS2	SS1	转矩上限切换
ON	OFF	OFF	转矩上限由 C04 定义
ON	OFF	ON	转矩上限由 H00 和 C04 定义
ON	ON	OFF	转矩上限由 H01 和 C04 定义
ON	ON	ON	转矩上限由 H02 和 C04 定义

H00，H01，H02 定义转矩上限百分比：

转矩上限 = 〔H00（或 H01、H02）/最大频率〕× C04 × 100%

例如：最大频率 = 130Hz，C04 = 200%

H00 = 100Hz，则转矩上限 = （100/130）× 200% = 153.8%

H01 = 80Hz，则转矩上限 = （80/130）× 200% = 123.0%

H02 = 40Hz，则转矩上限 = （40/130）× 200% = 61.5%

如果给定 20Hz，则对应的转矩给定值见表 5-16。

表 5-16　转矩给定值

SS3	SS2	SS1	转矩上限	转矩给定值
ON	OFF	OFF	200.0%	（20/130）× 200.0 = 30.7
ON	OFF	ON	153.8%	（20/130）× 153.8 = 23.6
ON	ON	OFF	123.0%	（20/130）× 123.0 = 18.9
ON	ON	OFF	61.5%	（20/130）× 61.5 = 9.4

注意：在 F01 = 2 矢量控制方式并且 F61 = 12 转矩控制模式下，

SS3 端子可以用来切换矢量速度控制与矢量转矩控制（F63 可以为 0 ~ 5）。

SS3 = ON：矢量转矩控制。

SS3 = OFF：矢量速度控制。

6：MSS 定时运行功能。

利用 MSS 端子的脉冲信号进行运行时间设定。运行时间随最后到达的端子脉冲信号进行更新，不累积。

7：控制模式切换功能见表 5-17。

运行时间包括加速时间，不包括减速时间。

表 5-17　控制模式切换功能

相关运行参数		SS1	SS2	SS3
控制模式 F01 = 0：VF 方式 （SS3 停机有效）	0 键盘或电位器	0	0	0
	1 段速度	1	0	0
	2 段速度	0	1	0
	3 段速度	1	1	0
控制模式 F01 = 2：矢量控制 + PG （SS3 停机有效）	0 键盘或电位器	0	0	1
	1 段速度	1	0	1
	2 段速度	0	1	1
	3 段速度	1	1	1

8：程序运行段复位。

F04 = 5 程序运行模式下，利用端子 SS3 复位当前程序运行的段数。见表 5-18 和图 5-29。

表 5-18　程序运行段复位

SS3	程序运行段复位
OFF	程序运行正常运行
ON	程序运行段复位到第一段参数设置

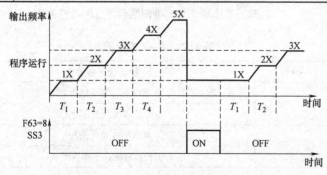

图 5-29　程序运行段复位

9：PID 调节模式切换见表 5-19。

表 5-19 PID 调节模式切换

SS3	SS2	SS1	功能说明	
无作用	OFF	OFF	F04 = 1	V2 频率设定方式
无作用	OFF	ON	F04 = 18	V2 + PID 调节方式
无作用	ON	OFF	F04 = 2	I2 频率设定方式
无作用	ON	ON	F04 = 19	I2 + PID 调节方式

F64 输入端子极性 出厂设定值：0

变频器的功能端子 SS1、JOG、FWD、REV、SS2、SS3、FRE 和 RST 与一个二进制数列各位的对应关系如图 5-30 所示。该数列从右至左共 9 位，每一位都有自己的权，即 2 的 n 次方。根据各位的权可以计算出这个二进制数列的十进制对应值，这个十进制的对应值就是参数 F64 的设置值。图 5-30 方框中的 0 ~ 8 只是这个二进制数列从右至左的顺序号，它的实际值只能是 0 或者 1。这 9 位二进制数的设置原则可参见表 5-20 和表 5-21。

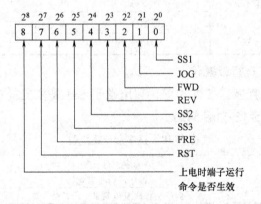

图 5-30 功能端子与二进制数列各位的对应关系

表 5-20 0 ~ 7 位设置

设置 0 ~ 7 位	输入端子极性
0	低电平有效（闭合）
	下降沿有效，上升沿无效
1	高电平有效（断开）
	上升沿有效，下降沿无效

表 5-21 第 8 位设置

设置 8 位	上电时端子运行命令是否生效
0	变频器上电过程中，即使检测到 FWD/REV/JOG 运行命令端子有效，变频器也不会运行，系统处于运行保护状态，直到全部撤消运行命令端子 再次使能运行命令端子 FWD/REV/JOG，变频器才会运行
1	变频器上电过程中，检测到 FWD/REV/JOG 运行命令端子有效，变频器会按命令运行。注意，用户一定要慎重选择该功能，可能会造成严重的后果

图 5-31 是根据表 5-20、表 5-21 的设置原则和现场的应用需求作出的设置结果，据此我们可以计算 F64 的设置值：

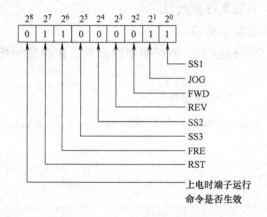

图 5-31 F64 参数设置举例

$$F64 = bit8 \times 2^8 + bit7 \times 2^7 + bit6 \times 2^6 + \cdots\cdots + bit1 \times 2^1 + bit0 \times 2^0$$

$$= 0 \times 2^8 + 1 \times 2^7 + 1 \times 2^6 + 0 \times 2^5 + 0 \times 2^4 + 0 \times 2^3 + 0 \times 2^2 + 1 \times 2^1 + 1 \times 2^0$$

$$= 128 + 64 + 2 + 1$$

$$= 195$$

因此，可以将 F64 设置为 195 。

费了这么多周折将一个 9 位的二进制数转换为 3 位的十进制数，是因为操作面板上的显示器显示位数有限，不能显示 9 位二进制数。

F65 监视选择 2 出厂设定值：1

在具体设置参数 F64 的参数值时，可参考图 5-30 和图 5-31，根据方框中顺序号 0～8 二进制数列对应的功能，将每一位二进制数设置为 0 或者 1，再将这 9 位二进制数换算成十进制数，作为参数 F64 的设置值。

这样做是因为操作面板上的显示器显示位数有限，不能显示 9 位二进制数。

F66 监视选择3 出厂设定值：2

这两个参数用于选择第二和第三监视对象，范围是 0～15（同 F00 监视对象），在使用 JP6E7800 和 JP6C7800 型键盘时有效。

2. 其他参数组

其他参数组涉及如下参数，下面给以介绍。

F67 V/F 曲线设置

F68 MSS 多段速度控制

F69 输入/输出参数组

F70 电流环参数组

F71 速度环参数组

F72 PID 参数组

F73 变频器系统参数组

F74 电动机参数组

在这几个参数组下，选择期望的组后，按操作面板上的 PRG 键进入。

1）F67 V/F 曲线设置

本参数组通过 U00～U15 对变频器的 V/F 曲线进行设置，可对照参看图 5-32。

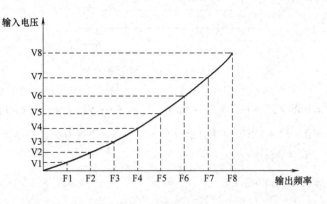

图 5-32 V/F 曲线设置

U00 V/F 设定频率1 出厂设定值：5.00/50.0Hz

用户设定 V/F 曲线的第一个频率值，与图 5-32 中的 V1 对应。

U01 V/F 设定电压1 出厂设定值：5%

用户设定 V/F 曲线的第一个电压百分比，以变频器额定输出

> 参数 F67 是用来修正变频器的输出电压与输出频率之间关系曲线的一个参数组。这个关系曲线可以是一条直线，也可以根据运行需要设置成符合负载要求的非直线。

电压 100%为参考依据，与图 5-32 中的 F1 对应。

U02 V/F 设定频率 2 出厂设定值：10.00/100.0Hz

用户设定 V/F 曲线的第二个频率值，与图 5-32 中的 V2 对应。

U03 V/F 设定电压 2 出厂设定值：10%

用户设定 V/F 曲线的第二个电压百分比，以变频器额定输出电压 100%为参考依据，与图 5-32 中的 F2 对应。

U04 V/F 设定频率 3 出厂设定值：15.00/150.0Hz

用户设定 V/F 曲线的第三个频率值，与图 5-32 中的 V3 对应。

U05 V/F 设定电压 3 出厂设定值：15%

用户设定 V/F 曲线的第三个电压百分比，以变频器额定输出电压 100%为参考依据，与图 5-32 中的 F3 对应。

U06 V/F 设定频率 4 出厂设定值：20.00/200.0Hz

用户设定 V/F 曲线的第四个频率值，与图 5-32 中的 V4 对应。

U07 V/F 设定电压 4 出厂设定值：20%

用户设定 V/F 曲线的第四个电压百分比，以变频器额定输出电压 100%为参考依据，与图 5-32 中的 F4 对应。

U08 V/F 设定频率 5 出厂设定值：25.00/250.0Hz

用户设定 V/F 曲线的第五个频率值，与图 5-32 中的 V5 对应。

U09 V/F 设定电压 5 出厂设定值：25%

用户设定 V/F 曲线的第五个电压百分比，以变频器额定输出电压 100%为参考依据，与图 5-32 中的 F5 对应。

U10 V/F 设定频率 6 出厂设定值：30.00/300.0Hz

用户设定 V/F 曲线的第六个频率值，与图 5-32 中的 V6 对应。

U11 V/F 设定电压 6 出厂设定值：30%

用户设定 V/F 曲线的第六个电压百分比，以变频器额定输出电压 100%为参考依据，与图 5-32 中的 F6 对应。

U12 V/F 设定频率 7 出厂设定值：35.00/350.0Hz

用户设定 V/F 曲线的第七个频率值，与图 5-32 中的 V7 对应。

U13 V/F 设定电压 7 出厂设定值：35%

用户设定 V/F 曲线的第七个电压百分比，以变频器额定输出电压 100%为参考依据，与图 5-32 中的 F7 对应。

U14 V/F 设定频率 8 出厂设定值：40.00/400.0Hz

用户设定 V/F 曲线的第八个频率值，与图 5-32 中的 V8 对应。

U14 和 U15 设置的设定频率 8 和设定电压 8 确定了图 5-32 中曲线的一个拐点，而 U00 ~U15 共可设置曲线中的八个拐点。将坐标原点、八个拐点以及曲线终点连接起来，就是参数 F67 设置的曲线效果。

U15 V/F 设定电压 8 出厂设定值：40%

用户设定 V/F 曲线的第八个电压百分比，以变频器额定输出电压 100% 为参考依据，与图 5-32 中的 F8 对应。

2) F68 MSS 多段速度控制

H00 1 段速度设定 1X 出厂设定值：5. 00/50. 0Hz

H01 2 段速度设定 2X 出厂设定值：10. 00/100. 0Hz

H02 3 段速度设定 3X 出厂设定值：20. 00/200. 0Hz

H03 4 段速度设定 4X 出厂设定值：30. 00/300. 0Hz

H04 5 段速度设定 5X 出厂设定值：40. 00/400. 0Hz

H05 6 段速度设定 6X 出厂设定值：45. 00/450. 0Hz

H06 7 段速度设定 7X 出厂设定值：50. 00/500. 0Hz

分别设定程序运行和多段速度控制中的七段速度运行的频率，通过端子 SS1、SS2、SS3 与 COM 短接编码组合实现七段速度/加速度。

端子台多段速度定义见表 5-22（与 COM 短接为 ON，断开为 OFF）。

表 5-22 端子台多段速度定义

端子 ＼ 速度	1X	2X	3X	4X	5X	6X	7X
SS1	ON	OFF	ON	OFF	ON	OFF	ON
SS2	OFF	ON	ON	OFF	OFF	ON	ON
SS3	OFF	OFF	OFF	ON	ON	ON	ON

当 SS1，SS2，SS3 同时与 COM 断开时见表 5-23。

表 5-23 SS1，SS2，SS3 同时与 COM 断开时的情况

F04	设定频率	加速时间	减速时间
0	键盘给定	F09	F10
1	V2 给定	F09	F10
2	I2 给定	F09	F10
3	V2/I2 给定	F09	F10

H07 1 段运行时间 T1 **出厂设定值：2. 0s**

H08 2 段运行时间 T2 出厂设定值：2. 0s

H09 3 段运行时间 T3 出厂设定值：2. 0s

> F68 参数组中的 H00 ~H06 用来设置多段速运行中 1 段速 ~7 段速的运行频率。

> F68 参数组中的 H07 ~H13 用来设置多段速运行中 1 段速 ~7 段速的运行时长。

H10　4 段运行时间 T4　出厂设定值：2.0s

H11　5 段运行时间 T5　出厂设定值：2.0s

H12　6 段运行时间 T6　出厂设定值：2.0s

H13　7 段运行时间 T7　出厂设定值：2.0s

实际的运行时间在该设定的多段运行时间的基础上还要乘以一个速度运行时间倍数，该时间倍数由时间单位设置 H28～H34 的十位设定，见 H28～H34 相关说明。

H14　1 段加速时间 at1　出厂设定值：10.0s

H15　1 段减速时间 dt1　出厂设定值：10.0s

H16　2 段加速时间 at2　出厂设定值：10.0s

H17　2 段减速时间 dt2　出厂设定值：10.0s

H18　3 段加速时间 at3　出厂设定值：10.0s

H19　3 段减速时间 dt3　出厂设定值：10.0s

H20　4 段加速时间 at4　出厂设定值：10.0s

H21　4 段减速时间 dt4　出厂设定值：10.0s

H22　5 段加速时间 at5　出厂设定值：10.0s

H23　5 段减速时间 dt5　出厂设定值：10.0s

H24　6 段加速时间 at6　出厂设定值：10.0s

H25　6 段减速时间 dt6　出厂设定值：10.0s

H26　7 段加速时间 at7　出厂设定值：10.0s

H27　7 段减速时间 dt7　出厂设定值：10.0s

分别设定七段速度的加/减速时间。每段加/减速时间决定到达该段速度的时间，加速则由该段速度的加速时间决定，减速则由该段速度的减速时间决定。实际每段加减速时间在该设定值的基础上还要乘以一个加减速时间倍数，该倍数由时间单位设置 H28～H34 的千、百位决定，见 H28～H34 相关说明。

多段速度加/减速时间定义如图 5-33 所示，即加减速的时间是从最小频率加速到最大频率之间，或从最大频率减速到最小频率之间所用的时间，而不是从一段频率加速（或减速）到另一个段速所需的时间。

H28　1 段速度运行方向　出厂设定值：0000

H29　2 段速度运行方向　出厂设定值：0000

H30　3 段速度运行方向　出厂设定值：0000

F68 参数组中的 H14～H27 用来设置多段速运行中 1 段速～7 段速的加速时间和减速时间。

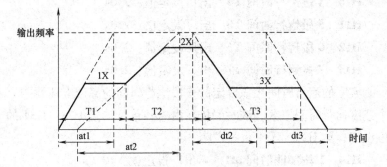

at1：一段加速时间　at2：二段加速时间

dt2：二段减速时间　dt3：三段减速时间

图 5-33　多段速运行时的加减速时间

H31　4 段速度运行方向　出厂设定值：0000

H32　5 段速度运行方向　出厂设定值：0000

H33　6 段速度运行方向　出厂设定值：0000

H34　7 段速度运行方向　出厂设定值：0000

程序运行多段速度运行时，设定值中的个位设定每段速度运行的方向，见表 5-24。

表 5-24　参数 H28～H34 设置值中个位数与运行方向的关系

个位设定值	运行方向
0	正向
1	反向

程序运行多段速度运行时，千，百，十位定义加减速及运行时间的单位。其中千位定义减速时间单位，百位定义加速时间单位，十位定义运行时间单位。以一段速度为例，具体定义见表 5-25。

表 5-25　参数 H28～H34 设置值中千位、百位、十位的意义

千，百位设定值	加、减速时间	表示范围（比如 H14，H15 = 3200.0）
0	×1s	3200.0 秒
1	×30s	3200.0×30 = 96000 秒 = 1600 分
2	×600s	3200.0×600 = 32000 分 = 533.33 小时
3	×3600s	3200.0×3600 = 192000 分 = 3200 小时
十位设定值	运行时间	表示范围（比如 H07 = 3200.0）
0	×1s	3200.0 秒

多段速运行时，F68 参数组中的 H28～H34 均可各自设置一个 4 位数，其中的个位用来确定每段速度运行的方向：个位设置为 0，正转；设置为 1，反转。

（续）

十位设定值	运行时间	表示范围（比如 H07 = 3200.0）
1	×10s	3200.0×10 = 32000 秒 = 533.33 分
2	×100s	3200.0×100 = 320000 秒 = 5333.33 分
3	×1000s	3200.0×1000 = 3200000 秒 = 888.88 小时

3）F69 输入/输出参数组

o00 V2 输入滤波时间 出厂设定值：10ms

V2 信号输入的滤波时间常数，可以是 2～200ms。时间参数设定过大，给定频率变化稳定，但响应速度变差；时间参数设置过小，给定频率显示不稳定，但响应速度变快。

o01 V2 输入最小电压 出厂设定值：0.00V

输入端子 V2 的最小输入电压，可以是 0～V2 输入最大电压（o02）之间的任何一个值。

o02 V2 输入最大电压 出厂设定值：10.00V

输入端子 V2 的最大输入电压，可以是 V2 输入最小电压（o01）到 10V 之间的任何一个值。

o03 I 输入滤波时间 出厂设定值：10ms

I2 信号输入的滤波时间常数，可以是 2～200ms。时间参数设定过大，给定频率变化稳定，但响应速度变差；时间参数设置过小，给定频率显示不稳定，但响应速度变快。

o04 I 输入最小电流 出厂设定值：0.00mA

输入端子 I2 的最小输入电流，可以是 0～I2 输入最大电流（o05）之间的任何一个值。

o05 I 输入最大电流 出厂设定值：20.00mA

输入端子 I2 的最大输入电流，可以是 I2 输入最小电流（o04）到 20.00mA 之间的任何一个值。

例如：

如果 V2 要求输入 1～5V 的电压，设置参数如下：o01 = 1V，o02 = 5V

如果 I2 要求输入 4～20mA 的电流，设置参数如下：o04 = 4mA，o05 = 20mA

o06 DA1 输出端子 出厂设定值：0

F69 可对输入的电压信号、电流信号的最小值、最大值等进行设置。

o07　DA2 输出端子　出厂设定值：0

DA1 输出端子和 DA2 输出端子可参见图 5-1；用来设定这两个端子输出信号的内容详见表 5-26。

表 5-26　输出端子 DA1 和 DA2 的输出信号的内容

设定值	输出内容	输出信号范围定义
0	不动作	无输出
1	给定频率	0 ~ 最大频率
2	实际频率	0 ~ 最大频率
3	实际电流	G/S：2 倍额定电流，F：1.5 倍额定电流，M/T/Z：2.5 倍额定电流，H：3 倍额定电流
4	输出电压	0 ~ 1.35 倍额定输入电压
5	母线电压	0 ~ 1.35 倍母线电压
6	IGBT 温度	0 ~ 80.0℃
7	输出功率	0 ~ 200%
8	输出转速	0 ~ 最大转速
9	转矩实际值	0 ~ 200% 转矩

 F69 参数组中的 o08 ~ o11 可对 DA1 输出端子、DA2 输出端子的输出上限值、下限值进行设置调整。

o08　DA1 输出下限调整　出厂设定值：0.0%

o09　DA1 输出上限调整　出厂设定值：100.0%

o10　DA2 输出下限调整　出厂设定值：0.0%

o11　DA2 输出上限调整　出厂设定值：100.0%

此参数用于设定 DA1、DA2 输出信号的上下限值。

例如：

如果 DA1 要求输出 1 ~ 5V 的电压，设置参数如下：o08 = 10.0%，o09 = 50.0%。

如果 DA2 要求输出 4 ~ 20mA 电流，设置参数如下：o10 = 20.0%，o11 = 100.0%。

DA1 和 DA2 的输出示意图见图 5-34。

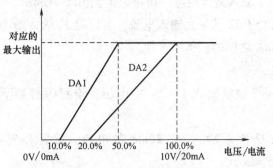

图 5-34　DA1 和 DA2 输出示意图

DA1 和 DA2 端子各有一个跳线选择插口 JP3 和 JP4，可选择电压输出或电流输出，见图 5-35。

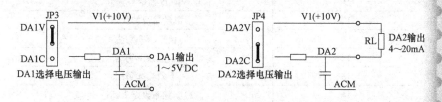

图 5-35　DA1 和 DA2 的输出信号

o12　DFM 倍数调整　出厂设定值：1

此参数可设定驱动器数位输出端子（DFM – ACM，见图 5-1）数位频率输出的信号（脉冲占空比为 50%）和输出信号端子 SPA，SPB，SPC，SPD（见图 5-1）的数位频率输出的信号。每秒钟输出的脉冲 = 输出频率 × o12。

DFM 倍数设定必须满足：最大输出频率 × o12 < 5000Hz。

o13　输出信号选择 1　出厂设定值：0

o14　输出信号选择 2　出厂设定值：0

o15　输出信号选择 3　出厂设定值：0

o16　输出信号选择 4　出厂设定值：0

o17　输出信号选择 5　出厂设定值：1

o18　输出信号选择 6　出厂设定值：8

o13 ~ o18 用来选择输出信号 1 至输出信号 6 的输出内容，见表 5-27。

表 5-27　输出信号 1 至输出信号 6 的输出内容

LED 设定值	输出内容
0	无功能
1	故障跳脱时报警
2	过电流检测
3	过载检测
4	过电压检测
5	欠电压检测
6	低载检测
7	过热检测
8	有命令运行状态

F69 参数组中的 o13 ~ o18 用来选择输出信号 1 至输出信号 6 的输出内容，这六个输出信号有 4 个是集电极开路输出端子，有 2 个是触点输出型的，可参见图 5-1。

六个输出信号中的每一个都可在表 5-27 中的 0 ~ 32 这 33 种输出信号中选择输出其中的一个。

（续）

LED 设定值	输出内容
9	PID 反馈信号异常
10	电动机反转状态
11	设定频率到达
12	上限频率到达
13	下限频率到达
14	FDT 频率设定 1 到达
15	FDT 频率水平检测
16	零速运行
17	位置到达
18	PG 错误
19	程序运行一周期完成
20	速度追踪模式检测
21	无命令运行状态
22	变频器命令反转
23	减速运行
24	加速运行
25	高压力到达（F61 = 1，F04 = 7 时有效）
26	低压力到达（F61 = 1，F04 = 7 时有效）
27	变频器额定电流到达
28	电动机额定电流到达
29	输入下限频率到达
30	FDT 频率设定 2 到达
31	故障代码输出（限 o13 ~ o16 有效）
32	数位频率输出（限 o13 ~ o16 有效）

当 o13 ~ o16 = 31 时，SPA、SPB、SPC、SPD 端子的输出状态见表 5-28。

表 5-28　SPA、SPB、SPC、SPD 端子的输出状态

序号	LED 显示	故障信息	输出端子			
			SPD	SPC	SPB	SPA
1	OC_ C	过电流信号来自电流检测电路	OFF	OFF	OFF	ON
2	OCFA	过电流信号来自驱动电路	OFF	OFF	ON	OFF
3	OC_ 2	输出过电流，电流超过电动机额定电流的 1.5 ~ 3（G/S：2；F：1.5；Z/M/T：2.5；H：3）倍时保护	OFF	OFF	ON	ON
4	OU	过电压	OFF	ON	OFF	OFF

（续）

序号	LED 显示	故障信息	输出端子			
			SPD	SPC	SPB	SPA
5	OL	过载	OFF	ON	OFF	ON
6	PH_O	电源断相	OFF	ON	ON	OFF
7	OH	过热	OFF	ON	ON	ON
8	LU	欠电压	ON	OFF	OFF	OFF
9	UL	轻载预警	ON	OFF	OFF	ON
10	EEPr	EEPROM 错误	ON	OFF	ON	OFF
11	OC_P	系统受到干扰或瞬间过电流冲击	ON	OFF	ON	ON
12	E_FL	外部故障	ON	ON	OFF	OFF
13	PG	PG 错误	ON	ON	OFF	ON
14	PID	PID 调节故障	ON	ON	ON	OFF
15	DATE	超过使用期限	ON	ON	ON	ON

当 o13～o16＝32 时，SPA、SPB、SPC、SPD 端子输出数位频率（集电极开路，工作周期＝50%，即脉冲占空比为50%）的信号，见图5-36。每秒钟输出的脉冲＝输出频率×o12。

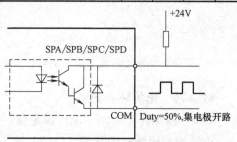

图 5-36　SPA/SPB/SPC/SPD 的输出信号

DFM 倍数设定必须满足：

最大输出频率×o12＜5000Hz。

DFM 数位频率输出精度：1%。

注意：对 PI7600 系列变频器，由于没有相应的输出端口，所以参数 o15、o16、o18 无效。

o19　最小输入频率　出厂设定值：0.00/0.0Hz

o20　最大输入频率　出厂设定值：50.00/500.0Hz

定义模拟输入量与频率的对应关系，o19 最小输入频率为模拟量 U_2，I_2 给定最小电压/电流对应的频率，o20 最大输入频率为模拟量 U_2，I_2 给定最大电压/电流对应的频率，此关系在 F04 设定为 1，2，3 时有效。

当 o19 < o20，为正特性输入，当 o19 > o20，为逆特性输入。

如果 U_2 要求输入 1~5V 的电压，对应 0.00~50.00Hz，设置参数如下：

o01 = 1V，o02 = 5V，o19 = 0.00Hz，o20 = 50.00Hz。

如果 I_2 要求输入 4~20mA 的电流，对应 45.00~30.00Hz，设置参数如下：

o04 = 4mA，o05 = 20mA，o19 = 45.00Hz，o20 = 30.00Hz。

由上述参数设定的输入模拟量与输出频率的对应关系如图5-37所示。

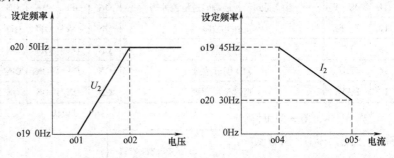

图 5-37　输入模拟量与输出频率的对应关系

4）F70　电流环参数组

C00　检测滤波时间　出厂设定值：10ms

检测到的滤波时间常数。该值过大，控制稳定，但反应慢；过小，系统反应快，但可能不稳定。设置该值时要同时考虑控制的稳定性和反应速度。

C01　参考值滤波时间　出厂设定值：10ms

参考值滤波时间常数。该值过大，控制稳定，但反应慢；过小，系统反应快，但可能不稳定。

C02　电流环积分时间　出厂设定值：500ms

定义电流环积分时间。积分时间过大，反应迟钝，对外部干扰的控制能力变差；积分时间小时，反应速度快，过小时发生振荡。

C03　电流环比例增益　出厂设定值：100%

定义电流环比例增益。增益取大时，反应快，但过大将产生振荡；增益取小时，反应滞后。

C04　转矩上限值　出厂设定值：80.0%

该参数为一个比值，即用户可设置的最大的给定转矩。

F70 是电流环参数组，用来设置电流环积分时间、电流环比例增益等参数。

C05　励磁给定值　出厂设定值：☆

该参数为一个比值，即电动机给定励磁分量/电动机的额定励磁分量。

设置 b01 电动机额定电流后，用于矢量控制的 C04 转矩上限值与 C05 励磁给定值会根据默认的标准 Y 系列四极异步电动机参数进行计算。

5）F71　速度环参数组

d00　速度环滤波时间　出厂设定值：10ms

定义速度环滤波时间。范围是 2~200ms。该值设置过大，控制稳定，但反应慢；设置过小，反应快，但可能不稳定。设置该值时要同时考虑控制的稳定性和反应速度。

d01　速度环积分时间　出厂设定值：0.25s

定义速度环的积分时间。范围是 0.01~100.00s。积分时间过大，反应迟钝，对外部干扰的控制能力变差；积分时间小时，反应速度快，过小时发生振荡。

d02　速度环微分时间　出厂设定值：0.000s

定义速度环的微分时间。范围是 0.000~1.000s。微分时间增大时，能使发生偏差时 P 动作引起的振荡很快衰减，但过大时，反而引起振荡；微分时间小时，发生偏差时的衰减作用小。

d03　速度环比例增益　出厂设定值：100%

定义速度环比例增益，范围是 0~1000%。增益取大时，反应快，但过大将产生振荡；增益取小时，反应滞后。

矢量控制 + PG 模式下，当输出频率 >5.00Hz 时采用速度环 PID 参数；当输出频率 <5.00Hz 时采用表 5-29 中的 PID 参数。

表 5-29　输出频率 <5.00Hz 时的 PID 参数设置

功能代码	功能描述	设定范围	单位	出厂设定	更改限制
P05	PID 积分时间	0.01~100.00	s	0.25	是
P06	PID 微分时间	0.000~1.000	s	0.000	是
P07	PID 比例增益	0~1000	%	100	是

6）F72　PID 参数组

P00　PID 调节方式　出厂设定值：10

该参数十位选择 PID 反馈信号异常处理方式：

1：警告继续运行，反馈信号异常后继续运行。

右侧栏注：F71 是速度环参数组，用来设置速度环积分时间、速度环微分时间和速度环比例增益等参数。

2：警告减速停车，反馈信号异常后减速停车。

3：警告自由停车，反馈信号异常后自由停车。

该参数个位定义 PID 调节方式：

0：负作用，当 $\Delta > 0$，频率上升；当 $\Delta < 0$，频率下降。

1：正作用，当 $\Delta > 0$，频率下降；当 $\Delta < 0$，频率上升。

以上描述中，Δ = 给定信号 – 反馈信号。

当变频器接收到运行开始指令，变频器按 PID 调节控制方式对给定信号与端子台上的反馈信号比较后自动控制输出频率，如图 5-38 所示。

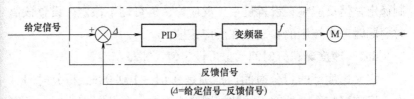

(Δ=给定信号–反馈信号)

图 5-38   PI7600/PI7800 系列变频器 PID 调节流程

P01   输出频率限制   出厂设定值：100%

此值定义 PID 控制时输出频率的限制范围。

P02   反馈信号选择   出厂设定值：2

为 PID 控制选择反馈信号。

0：外接端子 IF，范围是 0 ~ 20mA，该反馈信号的滤波时间由 o03 控制。

1：外接端子 IF，范围是 4 ~ 20mA，该反馈信号的滤波时间由 o03 控制。

2：外接端子 VF，范围是 0 ~ 10V，该反馈信号的滤波时间由 o00 控制。

3：外接端子 VF，范围是 1 ~ 5V，该反馈信号的滤波时间由 o00 控制。

P03   给定信号选择   出厂设定值：3

为 PID 控制选择给定信号。

0：外接端子 I2，范围是 0 ~ 20mA。

1：外接端子 I2，范围是 4 ~ 20mA。

2：外接端子 V2，范围是 0 ~ 10V。

3：给定信号来自键盘输入。

PID 参数组中的 P02 选择反馈信号是电流信号、还是电压信号，以及电流信号、电压信号的数值范围。

PID 参数组中的 P03 选择给定信号的来源。这些信号来源可以是外接电流信号、外接电压信号、键盘收入、RS-485 通信输入或者来自键盘电位器。

4：给定信号来自 RS –485 输入。

5：给定信号来自键盘电位器。

P04 键盘给定信号值 出厂设定值：50.0%

当 P03 设置为 3 时，此参数为通过键盘设定给定压力值。0.0 ~ 100.0% 对应 0 到最大压力。

P05 PID 积分时间 出厂设定值：0.25s

设置范围为 0.01 ~ 100.00s。

积分时间决定 PID 调节器对 PID 反馈值和给定值的偏差进行积分调节的快慢。

积分时间定义为 PID 反馈值和给定值的偏差为 100% 时，积分调节器经过该时间连续调整输出为（P01 × F13 × 12.5%）Hz（单向 PID 调节，忽略比例与微分作用）。

积分时间越大，响应越迟缓，对外部扰动的控制能力变差。积分时间较小时，响应速度快。过小时，将发生振荡。

P06 PID 微分时间 出厂设定值：0.000s

设置范围为 0.000 ~ 1.000s。

微分时间决定 PID 调节器对 PID 反馈值和给定值的偏差的变化率进行调节的强度。

微分时间定义为 PID 反馈值和给定值的偏差的变化率在该时间内变化 100% 时，微分调节器的调节输出为（P01 × F13 × 12.5%）Hz（单向 PID 调节，忽略比例与积分作用）。

微分时间越大，调节强度越大，系统越容易振荡。

P07 PID 比例增益 出厂设定值：100%

设置范围为 0 ~ 1000%。

比例增益决定 PID 调节器的调节强度，设置值越大，调节强度越大。

比例增益定义为 100%，PID 反馈值和给定值的偏差为 100% 时，PID 调节器的输出为（P01 × F13 × 12.5%）Hz（单向 PID 调节，忽略积分与微分作用）。

比例增益是决定 PID 调节器对偏差响应程度的参数。增益取大时，响应快，但过大将产生振荡；增益取小时，响应滞后。

P08 PID 故障检测时间 出厂设定值：300.0s

设定范围：0.0 ~ 3200.0s

该值定义 PID 调节连续积分饱和的最长时间，超过此时间视为 PID 调节故障。

该参数设置为 0.0 表示无故障检测。

7）F73　变频器系统参数组

y00　出厂值重置　出厂设定值：0

0：不恢复

1：恢复

此参数设定有效时，所有功能参数均恢复到出厂前的设定值。

没有出厂值的参数项将继续保留原有设定值。

y01　故障历史记录1

y02　故障历史记录2

y03　故障历史记录3

y04　故障历史记录4

y05　故障历史记录5

记录最近几次发生的故障，通过 PRG 键和增减键可查询故障发生时监视对象的数值。

故障状态下监视对象：

0：故障类型。由 LED 显示的故障代码查询故障类型如表 5-30 所示。

表 5-30　由故障代码查询故障类型

序号	LED 显示	故障信息
0	OC－C	过电流信号来自电流检测电路
1	OCFA	过电流信号来自驱动电路
2	OC－2	输出过电流，电流超过电动机额定电流的 1.5～3（G/S：2；F：1.5；Z/M/T：2.5；H：3）倍时保护
3	OU	过电压
4	OL	过载
5	PH－O	电源断相
6	OH	过热
7	LU	欠电压
8	UL	轻载预警
9	EEPr	EEPROM 错误
10	OC－P	系统受到干扰或瞬间过电流冲击
11	E－FL	外部故障
12	PG	PG 错误
13	PID	PID 调节故障
14	DATE	超过使用期限

1：故障时输出频率。故障发生时变频器的输出频率。

F73 变频器系统参数组中的y01～y05 可以记录最近 5 次发生的故障，并可通过 PRG 键和增减键查询故障发生时监视对象的数值。这些可查询监视的对象包括故障类型、故障时的输出频率、故障时的输出电流、故障时的输出电压、故障时电动机的运行状态等。

2：故障时输出电流。故障发生时实际输出电流。

3：故障时输出电压。故障发生时实际输出电压。

4：故障时运行状态。故障时电动机运行状态。

LED 显示的字符所表示的运行状态，见表 5-31。

表 5-31　LED 显示字符所表示的运行状态

LED 第一位		LED 第二位		LED 第三位		LED 第四位	
F	正转命令	F	正转状态			A	加速运行中
R	反转命令	R	反转状态		分隔符	D	减速运行中
S	停止命令	S	停止状态			E	匀速运行中
						S	停止状态

y06　故障记录复位　出厂设定值：0

0：无动作，故障记录保持。

1：故障记录复位。

y07　额定输出电流　出厂设定值：☆

变频器额定输出电流。

y08　额定输入电压　出厂设定值：☆

变频器额定输入电压，出厂前按变频器输入电压等级设定。

y09　产品系列（只能查询）出厂设定值：☆

产品系列的序号含义如图 5-39 所示。

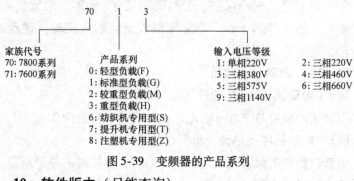

图 5-39　变频器的产品系列

y10　软件版本（只能查询）

y11　波特率　出厂设定值：3

0：1200　1：2400　2：4800　3：9600　4：19200　5：38400

y12　本机通信地址　出厂设定值：8

区分其他变频器的唯一编号。主变频器地址为 128，从变频器地址设定范围是 1 ~ 128。

从变频器的运行状态受主变频器控制。

y13　累计时间设定　出厂设定值：1

对每次使用该机器的时间是否进行累加的设定✍。

0：开机后自动清零。

1：开机使用后继续累加。

y14　累计时间单位　出厂设定值：0

对累计时间单位的设定✍。

0：以小时为单位。

1：以天为单位。

y15　产品日期－年（只能查询）　出厂设定值：根据出厂时间调整

y16　产品日期－月日（只能查询）　出厂设定值：根据出厂时间调整

y17　管理员解码输入

在参数锁定状态下，显示密码输入的错误次数。密码有三次输入限制，连续三次输入错误，系统不允许继续输入密码，以防止乱试密码，需重新开机，才能再次输入；在这三次限定输入当中，只要有一次输入正确，参数解锁。

y18　管理员密码输入

此参数为设定密码保护，密码范围是 0 ~ 9999。设置密码后，参数锁定，键盘显示 code；解除密码或密码输入正确，键盘显示 deco。

8）F74　电动机参数组✍

b00　电动机极对数　出厂设定值：2

电动机的极对数，如 4 极电动机，极对数设置为 2。

b01　电动机额定电流　出厂设定值：☆

电动机额定电流可以设定，但不能超过变频器的额定电流。此参数可用于确定变频器对电动机的过载保护容量和节能运行。

为预防自冷式电动机在低速运转时发生电动机过热现象或当电动机特性变化不大而电动机容量变化时（比变频器额定容量变小），也可用此功能进行修正以达到保护电动机的目的。

其出厂值视功率大小而定，默认为 y07。

b02　电动机额定电压　出厂设定值：☆

电动机额定条件下的工作电压。若电动机额定电压低于电源电压，应检查电动机的绝缘强度是否合适。

b03　电动机额定转速　出厂设定值：1500r/min

电动机工作在额定功率下的转速。

b04　电动机额定频率　出厂设定值：50.00/500.0Hz

电动机在额定状态下的输出频率。

b00 ~ b04 是电动机铭牌参数，影响参数测定的准确程度。请按照电动机的铭牌参数进行设置。

b05　电动机空载电流　出厂设定值：☆

设定电动机空载电流，直接影响转差补偿的程度。

其出厂值视功率大小而定，默认为 y07 × 40%。

b06　定子电阻　出厂设定值：☆

定子电阻，当 b13 设置为 1 时，系统自动测量。

b07　转子电阻　出厂设定值：☆

转子电阻，当 b13 设置为 1 时，系统自动测量。

b08　漏感　出厂设定值：☆

电动机线圈绕组的漏感，当 b13 设置为 1 时，系统自动测量。

b09　互感　出厂设定值：☆

电动机线圈绕组的互感，当 b13 设置为 1 时，系统自动测量。

b05 ~ b09 是电动机的基本电气参数，这些参数是完成矢量控制算法所必须的。

每次设定 b01 电动机额定电流后，变频器将 b05 ~ b09 自动恢复到默认的标准 Y 系列四极异步电动机参数。变频器可以不进行自动参数测定得到电动机参数。

当变频器运行性能不能满足要求时，可以使用 b13 电动机参数自动测定功能，得到准确的电动机参数。如果已知正确的电动机参数，可以手动输入。

b10　PG 脉冲数　出厂设定值：2048

所使用的 PG 脉冲数，设定值为电动机旋转一圈所对应的脉冲数。

b11　PG 断线时动作　出厂设定值：0

设置检测到 PG 断线时的停止方法。

0：继续运行。

b05 ~ b09 是电动机的基本电气参数，如果已知正确的电动机参数，可以通过 b05 ~ b09 手动输入。也可将参数 b13 设置为 1，变频器开始自动进行参数测定。

1：警告减速停车。

2：警告自由停车。

b12 PG 转动方向 出厂设定值：0

编码器旋转方向，以电动机正转方向为参考。

0：电动机正转时 A 相超前，如图 5-40a 所示。

1：电动机正转时 B 相超前，如图 5-40b 所示。

图 5-40 编码器信号的相位

a）A 相超前 b）B 相超前

注意：以上几个参数（b10，b11，b12）在带编码器（PG）时有效，编码器需配置 PG 卡，不是标准配置。

b13 电动机参数测量 出厂设定值：0

设定是否对电动机参数进行测量。

0：不进行测量。

1：运行前进行测量。

设定该参数，电动机将动态进行参数测定。必须将电动机和负载脱开即空载运行状态才能测量。

将 b13 设定为 1 后，变频器开始自动进行参数测定。

键盘数字显示区域显示 "CAL1"：定子电阻测量，电动机静止。

键盘数字显示区域显示 "CAL2"：转子电阻，漏感测量，电动机静止。

键盘数字显示区域显示 "CAL3"：互感测量，电动机会高速运行，注意安全。

测定过程可以通过 STOP 键停止。

设定前，请务必做好运行准备，测定过程中电机会高速运行，"CAL3" 消失，测定过程结束。

测定完成后，b13 恢复到 0。测定好的参数会自动储存到 b05 ~ b09。

b14　转速监视增益　出厂设定值：100.0%

用于调整电动机实际运行转速的显示，见 F00 监视选择：6 电动机实际转速。

b15　比例联动系数　出厂设定值：1.00

在比例联动应用中，用于设定当从变频器接收到主变频器设定频率命令时所乘以的比例联动系数。

本变频器设定为比例联动系统中的一台从变频器，即 y12 本机通信地址设定在 1～127。

设定频率 = 比例联动系数 × 主变频器频率

b16　Reserved　出厂设定值：0　备用参数。

b17　Reserved　出厂设定值：0　备用参数。

5.2　富士 5000G11S/P11S 系列变频器基本功能参数

5.2.1　富士 5000G11S/P11S 系列变频器基本功能参数

富士 5000G11S/P11S 系列变频器的功能参数较多，包括基本功能参数（F 系列参数）、扩展端子功能参数（E 系列参数）、功率控制功能参数（C 系列参数）、高级功能参数（H 系列参数）、用户功能参数（U 系列参数）等。这里介绍使用频度较高的基本功能参数。详见表 5-32。表中"运行变更"一栏中的"×"记号表示变频器运行中该参数不可变更，"√"记号表示运行中可以变更。

表 5-32　富士 5000G11S/P11S 系列变频器基本功能参数

功能代码	名　称	设　定　范　围	单位	出厂设定 22kW 以下	出厂设定 30kW 以上	运行变更
F00	数据保护	0，1	—	0		×
F01	频率设定 1	0～11	—	0		×
F02	运行操作	0，1	—	0		×
F03	最高输出频率 1	G11S：50～400Hz P11S：50～120Hz	Hz	60		×
F04	基本频率 1	G11S：25～400Hz P11S：25～120Hz	Hz	50		×
F05	额定电压 1	0：（输出电压正比于输入电压） 320～480 V	V	380		×

（续）

功能代码	名　称	设　定　范　围		单位	出厂设定 22kW 以下	30kW 以上	运行变更
F06	最高输出电压1	320~480 V		V	380	×	
F07	加速时间1	0.01~3600s		s	6.0	20.0	√
F08	减速时间1						
F09	转矩提升1	0.0, 0.1~20.0		—	G11S: 0.0, P11S: 0.1		√
F10	热继电器1	0, 1, 2		—	1		√
F11	OL设定值1	20%~135%变频器额定电流		A	与变频器规格有关		
F12	热常数t1	0.5~75.0 min		min	5.0	10.0	√
F13	电子热继电器（制动电阻用）	G11S	7.5kW以下：0, 1, 2	—	1		√
			11kW以上：0	—	0		
		P11S	11kW以下：0, 2	—	0		
			15kW以上：0	—	0		
F14	瞬时停电再起动	0~5		—	1		×
F15	上限频率	G11S: 0~400Hz		Hz	70	√	
F16	下限频率	P11S: 0~120Hz			0	√	
F17	频率设定增益	0.0~200.0%		%	100	√	
F18	频率偏置	G11S: -400.0~+400.0Hz P11S: -120.0~+120Hz		Hz	0.0	√	
F20	直流制动频率	0.0~60.0Hz		Hz	0.0	√	
F21	直流制动值	G11S: 0~100% P11S: 0~80%		%	0	√	
F22	直流制动时间	0.0~30.0s		s	0.0	√	
F23	起动频率	0.1~60.0 Hz		Hz	0.5	×	
F24	起动频率保持时间	0.0~10.0s		s	0.0	×	
F25	停止频率	0.1~60.0 Hz		Hz	0.2	×	
F26	载波频率	0.75~15kHz		kHz	2	√	
F27	电动机音调	0~3		—	0	√	
F30	FMA电压	0~200%		%	100	√	
F31	FMA功能	0~10		—	0	√	
F33	FMP脉冲率	300~6000p/s（100%时的脉冲数）		p/s	1440	√	
F34	FMP电压	0%, 1%~200%		%	0	√	
F35	FMP功能	0~10		—	0	√	
F36	30RY动作模式	0, 1		—	0	×	
F40	驱动转矩1	G11S：20%~200%, 999 P11S：20%~150%, 999		%	999	√	
F41	制动转矩1	G11S：0%, 20%~200%, 999 P11S：0%, 20%~150%, 999		%	999	√	
F42	转矩矢量1	0, 1		—	0	×	

变频器检测到停电后作为欠电压保护动作，输出报警信号，并且关闭输出；也可以等待电源恢复后，不关断正在自由旋转的电动机，而是进行自动再起动，实现瞬时停电再起动功能。上述功能的选择使用可由参数F14的设置确定。

电动机起动时，加在电动机绕组上的电源频率不是从0Hz开始加速，而是由参数F23设置的起动频率开始加速。如果无须使用起动频率，可将参数F23设置成该参数可设置的最小值。

5.2.2　富士 5000G11S/P11S 系列变频器基本功能参数说明

富士 5000G11S/P11S 系列变频器的基本功能参数见表 5-34，这里对表中相关参数进行较详细的说明。

变频器的功能参数介绍时，经常涉及到变频器的基本接线以及变频器对外的接线端子。图 5-41 所示的端子图可供学习功能参数内容时参考。

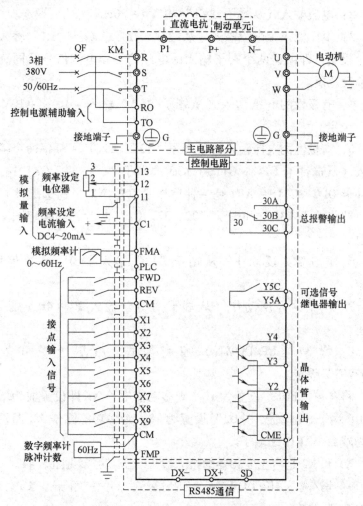

图 5-41　富士 5000G11S/P11S 系列变频器端子图

F00　数据保护　出厂设定值：0

此功能可以保护已设定在变频器内的数据，使之不能轻易被改变。设定范围：0，1。

参数 F00 数据保护实际上就是参数锁，设置为 0，参数可以修改；设置为 1，参数数据被保护，不可修改。

0：可改变数据。

1：不可改变数据，即对数据进行保护。

F01　频率设定1　出厂设定值：0

此功能参数用来选择频率设定命令的来源。设定范围：0～11。

0：键盘面板上的∧、∨键设定。

1：电压输入（从端子"12"输入0～+10V信号）设定。

2：电流输入（从端子"C1"输入4～20mA信号）设定。

3：电压输入＋电流输入（从端子"12"＋端子"C1"输入信号）设定，即由这两个端子输入的电压信号和电流信号共同确定频率设定值。

4：有极性的电压输入（从端子"12"输入－10～+10V信号）设定。

5：有极性的电压输入（从端子"12"输入）＋频率命令辅助输入（从选件卡OPC－G11S－AIO的端子"22，32，C2"输入，选件卡OPC－G11S－AIO是一种称作模拟量接口卡的选配件）设定。即将端子"12"和端子"22，32，C2"两者相加确定频率设定值。

6：电压输入反动作（从端子"12"输入＋10～0V信号）设定。

7：电流输入反动作（从端子"C1"输入20～4mA信号）设定。

8：增/减（UP/DOWN）控制模式，由端子"UP"和"DOWN"设定。

将参数"E01"设置为17，则多功能端子X1即设置成为增命令UP端子。将参数"E02"设置为18，则多功能端子X2即设置成为减命令DOWN端子。

X1和X2是富士变频器的接点输入端子，可参见图5-41。

9：增/减（UP/DOWN）控制模式2，由端子"UP"和"DOWN"设定。

将参数"E01"设置为17，则多功能端子X1即设置成为增命令UP端子。将参数"E02"设置为18，则多功能端子X2即设置成为减命令DOWN端子。

10：程序运行设定。

11：数字输入或脉冲列输入设定。

F02 运行操作 出厂设定值：0

该参数用来设定运行操作命令的输入方式。设定范围 0，1。

0：用键盘面板上的按键 FWD、REV 和 STOP 操作变频器运行。其中，操作 FWD 键，变频器正转运行；操作 REV 键，变频器反转运行；操作 STOP 键，变频器减速停止。

1：由外部端子 FWD 和 REV 输入运行命令。

参见图 5-41，将端子 FWD 与 CM 间的接点闭合，变频器正转；断开，减速停机。

将端子 REV 与 CM 间的接点闭合，变频器反转；断开，减速停机。

F03 最高输出频率 1 出厂设定值：60Hz

该参数设定变频器输出的最高频率。变频器可以驱动一台以上的电动机，F03 是电动机 1 的设定值。

以下参数中，参数名称后面标注"1"的，其含义与上相同，即该参数是电动机 1 的设定值。

设定范围：G11S：50～400Hz；

P11S：50～120Hz。

F04 基本频率 1 出厂设定值：50Hz

设置电动机 1 的额定频率。

设定范围：G11S，25～400Hz；

P11S，25～120Hz。

F05 额定电压 1 出厂设定值：380V

设定电动机 1 的额定输出电压。但变频器不能输出比输入电压更高的电压。

设定范围：0，320～480V。

设定为 0 时，没有自动电压调整功能（AVR），输出电压正比于输入电压。

F05 还可设定为 320～480V 之间的任意电压值。

F06 最高输出电压 1 出厂设定值：380V

变频器向电动机输出的电压最高值。

设定范围：320～480V。

注意，将 F05 额定电压 1 设置为 0 时，F06 的设置无效。

这里所说的 FWD 键，是正转起动键；REV 键是反转起动键；STOP 键则是停止键。

变频器参数 F04 的设置，应与电动机铭牌上记载的额定频率值相同。

F06 参数的出厂设定值为380V。

变频器不能输出比输入电压更高的电压。

F07　加速时间1　出厂设定值与变频器的容量有关

F08　减速时间1　出厂设定值与变频器的容量有关

输出频率从0Hz加速到最高频率所需的时间是加速时间。

输出频率从最高频率减速到0Hz所需的时间是减速时间。

设定范围：加速时间1，0.01~3600s。

　　　　　减速时间1，0.01~3600s。

加、减速时间是以最高频率为基准设定的，加、减速时间的实际动作时间与设定频率有关，说明如下。

设定频率＝最高频率时，实际动作的加、减速时间与F07、F08的设置时间一致，如图5-42所示。

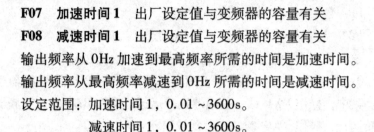

图5-42　实际加、减速时间与设定加、减速时间相同

设定频率小于最高频率时，实际动作的加、减速时间与F07、F08的设置时间不一致，而是相应减小，如图5-43所示。具体动作时间可用下式计算：

加、减速实际动作时间 = F07 或 F08 设定值 × （设定频率/最高频率）

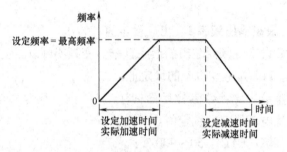

图5-43　实际加、减速时间与设定加、减速时间不相同

1—设定加速时间　3—设定减速时间

2—实际加速时间　4—实际减速时间

F09　转矩提升 1　出厂设定值：G11S，0.0；P11S，0.1。

设定范围：0.0，0.1~20.0。

0.0：自动转矩提升特性，即自动调整恒转矩负载线性变化的转矩提升值。

0.1~0.9：风机和泵类负载用的二次方递减转矩特性。

1.0~1.9：二次方递减转矩和恒转矩特性两者中间的比例转矩特性。

2.0~20.0：恒转矩特性。

F10　热继电器 1 动作选择　出厂设定值：1

F11　热继电器 1 设定值　出厂设定值与变频器规格有关

F12　热继电器 1 时间常数　出厂设定值：5.0~10.0min

热继电器的功能是按照变频器的输出频率、输出电流和运行时间来保护电动机，从而防止电动机过热。

参数 F10 的设定范围：0~2。

0：保护不动作。

1：保护动作，适用于通用电动机。

2：保护动作，适用于变频专用电动机。

参数 F11 的设定范围：为变频器额定电流的 20~135%。

参数 F12 的设定范围：0.5~75.0min。

F13　制动电阻用热继电器　出厂设定值：1

该热继电器的功能是按制动电阻的使用频度、连续使用时间保护制动电阻，防止其过热。

参数设置见表 5-33。

表 5-33　制动电阻保护参数设置

变频器容量	设置选择
G11S：7.5kW 以下	0：不动作 1：动作（内装制动电阻） 2：动作（外部制动电阻）
P11S：11kW 以下	0：不动作 2：动作（外部制动电阻）
G11S：11kW 以上 P11S：15kW 以上	0：不动作

> 通过对参数 F09 的设置，可以获得自动转矩提升、二次方递减转矩负载、比例转矩负载和恒转矩负载等特性。

> F10、F11 和 F12 是一组电动机热保护参数。当电流达到参数 F11 设定电流值的 150%、且持续时间达到参数 F12 设定的时间时，即符合热继电器动作条件，具体保护动作与否由参数 F10 设定。

系统停电后，电动机停机保护并报警，或者再来电后按要求再起动，均可由参数F14的设置确定。

F14 瞬时停电再起动 出厂设定值：1

变频器检测到停电后作为欠电压保护动作，报警有输出，有显示，并且关闭输出；也可以等待电源恢复后，不关断正在自由旋转的电动机，而是进行自动再起动，实现瞬时停电再起动功能。

该参数设定范围为0~5，详见表5-34。

表5-34 瞬时停电再起动的参数设定

设定值	功能名称	停电时的动作	电源恢复时的动作	
0	瞬停再起动不动作，报警动作	检测出欠电压后，保护功能动作，停止输出	不再起动	输入保护功能复位命令和运行命令后，才可再起动
1	瞬停再起动不动作，电源恢复时报警动作	检测出欠电压后，保护功能不动作，停止输出	保护功能动作，不再起动	
2	瞬停再起动不动作，瞬停时减速停止后跳闸	瞬停后变频器直流主电压降低，低到继续运行的DC电压值（由参数H15设定）后，减速停止	保护功能动作，不再起动	
3	瞬停再起动动作，适用重惯量负载	变频器直流主电压降低到继续运行值后，靠负载惯量返回能量，延长继续运行时间。检出欠电压后，保护功能不动作，停止输出	自动再起动	
4	瞬停再起动动作，按停电时的频率再起动	检出欠电压后，保护功能不动作，停止输出	按停电时的输出频率自动再起动	
5	瞬停再起动动作，按起动频率再起动	检出欠电压后，保护功能不动作，停止输出	按"F23起动频率"设定值自动再起动	

F15 上限频率 出厂设定值：70Hz

F16 下限频率 出厂设定值：0Hz

这两个参数设定输出频率的上限值和下限值。设定范围，G11S：0~400Hz；P11S：0~120Hz。

F17 频率设定增益 出厂设定值：100%

该参数设定模拟设定频率输入信号对设定频率值的比率。设定范围为0.0~200%。

F18 频率偏置 出厂设定值：0.0

该参数的功能是，将偏置频率加在模拟设定频率值上作为输出频率设定值。设定范围，G11S：−400.0 ~ +400.0Hz；P11S：−120.0 ~ +120.0Hz。

F20 直流制动开始频率 出厂设定值：0.0 Hz

设定减速停止时直流制动开始动作的频率。设定范围为0.0 ~60Hz。

F21 直流制动动作值 出厂设定值：0

设定直流制动时的输出电流。变频器额定输出电流作为100%。设定范围，G11S：0 ~100%；P11S：0 ~80%。

F22 直流制动时间 出厂设定值：0.0s

设定直流制动的动作时间。设定范围为0.0 ~30.0s。

F23 起动频率 出厂设定值：0.5Hz

设定起动时的频率值。设定范围为0.1 ~60Hz。

F24 起动频率保持时间 出厂设定值：0.0s

设定起动时起动频率的保持时间☑。设定范围为0.1 ~10.0s。

F25 停止频率 出厂设定值：0.2Hz

设定停止时的频率值。设定范围为0.1 ~60.0Hz。

为确保起动时的起动转矩，设定合适的起动频率。另外，为等待电动机起动时建立磁通，使起动频率保持一定时间后开始加速。

起动频率小于停止频率，或者设定频率小于停止频率时，变频器不能起动。

参数 F23、F24 和 F25 的功能示意图如图 5-44 所示。

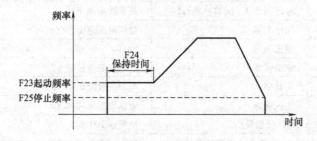

图 5-44 参数 F23、F24、F25 功能示意图

F26 载波频率 出厂设定值：2kHz

该参数用来设定变频器的载波频率☑。正确调整载波频率可以

☑ 起动频率保持时间不包括在加速时间内。

☑ 富士变频器的载波频率可在 0.75 ~ 15kHz 之间设置。

降低电动机噪声，避开机械系统共振，减小输出电路配线对地漏电流，以及减小变频器发生的干扰。

载波频率参数的设置可参见表5-35。

表5-35 载波频率参数设置

变频器系列	适配电动机功率	F26 设定范围
G11S	55kW 以下	0.75 ~ 15 kHz
	75kW 以上	0.75 ~ 10kHz
P11S	22kW 以下	0.75 ~ 15 kHz
	30 ~ 75kW	0.75 ~ 10kHz
	90kW 以上	0.75 ~ 6kHz

F27 电动机音调 出厂设定值：0

载波频率小于7kHz时，能由本参数改变电动机噪声的音调。可按需求适当设置。设定范围：0，1，2，3。

F30 FMA 端子电压调整 出厂设定值：100%

F31 FMA 端子功能选择 出厂设定值：0

端子FMA（参见图5-41）能输出直流电压，这个电压可以用来作为诸多模拟输出的监视信号，具体监视的模拟信号种类由参数F31选择设定。输出直流电压的配合端子是公共端子11。

参数F30输出的直流电压的调整范围为0 ~ 200%。

参数F31对监视对象的选择见表5-36。

表5-36 FMA 端子监视对象的选择

设定值	监视对象	左栏中监视对象满量程定义
0	输出频率1（转差补偿前）	最高输出频率
1	输出频率2（转差补偿后）	最高输出频率
2	输出电流	变频器额定输出电流×2
3	输出电压	500V
4	输出转矩	电动机额定转矩×2
5	负载率	电动机额定负载×2
6	输入功率	电动机额定功率×2
7	PID 反馈量	反馈量100%
8	PG 反馈量（有选件卡时）	最高频率的同步速度
9	直流中间电路电压	1000V
10	万能 AO	从通信可向 FMA，FMP 发出任意输出。具体依据通信规范。

F33 FMP 端子脉冲率 出厂设定值：1440p/s

F34 FMP 端子电压调整 出厂设定值：0%

F35 FMP 端子功能选择 出厂设定值：0

对于 FMP 端子连接数字计数器等场合，参数 F33 的脉冲率可以任意设定，这时 F34 电压应设为 0%。

参数 F33 的设定范围为 300～6000p/s。

以平均电压输出连接模拟指示仪表时，平均电压值取决于参数 F34 电压调整的设定数据。这时，参数 F33 的脉冲率应固定为 2670p/s。F34 设定为 0% 时，脉冲频率对应参数 F35 所选监视量而变化；F34 设定为 1～200% 时，F35 所选择的监视对象的监视量 100% 时的平均电压值，在 1～200% 之间变化。这种变化是因为调整了 FMP 端子输出脉冲的占空比。

参数 F35 用来选择 FMP 输出信号所监视的对象。设定值以及监视内容与参数 F31 的设定选择相同。

F36 总报警继电器动作模式 出厂设定值：0

选择总报警继电器 30Ry 的动作模式，即变频器正常时动作，还是异常时动作。设定范围 0，1。见表 5-37 和图 5-45。

表 5-37 总报警继电器 30Ry 的动作模式设定

设定值	动作内容
0	正常时接点 30A－30C 断开，30B－30C 闭合； 异常时接点 30A－30C 闭合，30B－30C 断开。
1	正常时接点 30A－30C 闭合，30B－30C 断开； 异常时接点 30A－30C 断开，30B－30C 闭合。

F40 驱动转矩限制 1 出厂设定值：999

F41 制动转矩限制 1 出厂设定值：999

转矩限制动作过程如下：按输出电压和电流以及电动机一次电阻等计算电动机负载转矩，控制输出频率使计算值不超过限制值。

图 5-45 总报警继电器的接点

此功能动作时，实际的加、减速时间将比其设定值长。

参数 F40 和 F41 的设定值与设定效果见表 5-38。

端子 FMP 与 CM 间（参见图 5-41）可以输出脉冲电压，这个脉冲电压用来作为诸多脉冲输出的监视信号，具体监视的脉冲信号种类由参数 F35 选择设定。这个脉冲信号也能连接模拟指示仪表，以脉冲电压的平均电压值作为监视信号。

合理设置参数 F40、F41 的参数值，可以在负载急剧变化时，变频器不跳闸，能维持在转矩限制值下持续运行。

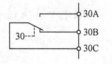

表 5-38　参数 F40 和 F41 的设定值

参数功能	设定值		作用效果
F40 驱动转矩限制	G11S：20%～200%		按设定值限制转矩
	P11S：20%～150%		
	999		转矩限制不动作
F41 制动转矩限制	G11S：20%～200%		按设定值限制转矩
	P11S：20%～150%		
	0		自动防止由于电能再生的过电压 OU 跳闸
	999		转矩限制不动作

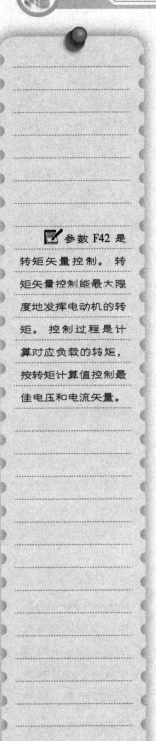

F42　转矩矢量控制 1　出厂设定值：0

该参数仅在变频器连接一台电动机时设置效果最佳。

参数 F42 设置为 0 时，转矩矢量控制功能不动作，设置为 1 时，转矩矢量控制功能动作。

使用转矩矢量控制功能时，应符合以下运行条件。

1）变频器仅连接一台电动机。连接多台电动机则难以正确控制。

2）电动机 1 的相关参数额定电流、空载电流等，应能正确录入变频器。

3）电动机的额定电流不能比变频器的额定电流小很多，要求电动机的容量比变频器适配电动机的容量不宜小 2 级以上。

4）防止过大的漏电流和保证准确控制，变频器和电动机之间的电缆长度应不大于 50m。配线较长时，将增加对地的分布电容，影响漏电流，不能保证正确控制。

5）变频器和电动机之间有电抗器时，就不能忽视配线阻抗，应使用相关参数（例如 P04）改写数据。

如果不能满足上述运行条件，则应将 F42 设置为 0（不动作）。

附　录

附录 A　国际单位制词头表

所表示的因数	词头名称	词头符号
10^{-24}	幺[科托]	y
10^{-21}	仄[普托]	z
10^{-18}	阿[托]	a
10^{-15}	飞[母托]	f
10^{-12}	皮[可]	p
10^{-9}	纳[诺]	n
10^{-6}	微	μ
10^{-3}	毫	m
10^{-2}	厘	c
10^{-1}	分	d
10^{1}	十	da
10^{2}	百	h
10^{3}	千	k
10^{6}	兆	M
10^{9}	吉[咖]	G
10^{12}	太[拉]	T
10^{15}	拍[它]	P
10^{18}	艾[可萨]	E
10^{21}	泽[它]	Z
10^{24}	尧[它]	Y

附录 B　二次回路接线图简介

在发电厂、变电所、配电系统和电动机起动控制电路中，通常将电气部分分为一次接线和二次接线两部分，属于一次接线的设备有：发电机、变压器、断路器、隔离开关、电抗器、电力电缆以及母线、输电线路等，在电动机起动控制装置中，有隔离开关、断路器、交流接触器、热继电器及负载设备等。这些设备是电能由发电厂输送给用户所经过的设备，或者是电力系统将电能输送给用电负载的导线或设备；由这些设备相互连接构成的电路称为一次接线、主接线或一次回路。同时，为了保证主接线系统的安全运行，实现控制、测量、信号、保护等功能的设备称为二次设备，由二次设备相互连接构成的电路称为二次接线或二次回路。根据二次回路绘制的电路图称做二次接线图。二次接线的图样常见的有三种形式：原理接线图、展开接线图和安装接线图。这里对二次回路接线图进行简单介绍。

B.1 原理接线图

原理接线图是用于表示继电保护、测量仪表和自动装置等的工作原理的。通常将二次接线和一次接线中的有关部分画在一起。在原理接线图上，所有仪表、继电器和其他电器都是以整体的形式表示的，其相互联系的电流回路、电压回路和直流回路，都综合在一起。这种接线图的特点是能够给看图者对整个装置的构成有一个明确的整体概念。

图 B-1 所示为 10kV 线路过电流保护原理接线图，由图可见，该电路共使用了五只继电器，其中 4、5（KA1、KA2）是电流继电器，连接于电流互感器 9、10（TAa、TAc）的二次电路；当流过电流继电器的电流超过整定动作值时，其触点动作闭合，将直流操作电源的正端加在时间继电器 6（KT）的线圈上，时间继电器线圈的另一端直接接在操作电源的负端，这时时间继电器 6 启动，经过一定延时后，其延时触点闭合，信号继电器 7（KX）和中间继电器 8（K）被串联在直流操作电源中，由于信号继电器所需的驱动功率很小，其线圈直流电阻也很小，中间继电器的线圈成为该串联电路的主要降压元件，因此，这两只继电器都能正常动作。信号继电器动作后，其触点向公用的信号小母线发送一个指令以便启动灯光或音响信号，同时有一个机械指示牌动作。运行人员注意到信号灯光或音响后，经过巡视可以发现那一只信号继电器"掉牌未复归"，从而判断发生了什么异常或故障。确定了故障原因后即可手动复归信号继电器。中间继电器动作后，其常开触点闭合，将断路器的跳闸线圈2（YR）电路接通（断路器的辅助触点3在断路器合闸后是接通的），断路器瞬间动作跳闸，实现过电流保护。

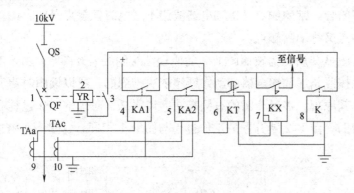

图 B-1　原理接线图

1—断路器主触点　2—断路器跳闸线圈　3—断路器的辅助触点

4、5—电流继电器　6—时间继电器　7—信号继电器

8—中间继电器　9、10—电流互感器

由图 B-1 可见，原理接线图没有给出元件的内部接线，没有元件引出端子的编号和回路编号，直流部分仅标出电源的极性，没有具体表示出是从哪一组熔断器下引来的。另外，信号部分在图中只标出了"至信号"，而没有画出具体的接线。因此，只有原理接线图是不能进行二次接线的施工的。为了解决这些问题，另一种形式的图样，即展开接线图得到了广泛的应用。

B.2　展开接线图

展开接线图的特点是按供电给二次接线的每个独立电源来划分的，即将每套装置的直流回路、交流电流回路、交流电压回路分成几个主要组成部分，每一部分又分成许多行。交流回路按 a、b、c 的相序，直流回路按继电器的动作顺序从上往下依次排列。每一行中各元件的线圈和触点是按实际连接顺序排列的。在每一回路的右侧通常有文字说明，以便于阅读。

二次接线图中所有开关电器和继电器的触点都是按照它们的正常状态表示的。所谓正常状态是指开关电器在断路位置或继电器线圈中没有电流时的状态。因此，通常所说的常开触点就是继电器线圈不通电时，该触点是断开的，为了更加形象准确地描述，这种触点又称做动合触点，即继电器线圈一旦通电，导致触点动作，该触点即闭合。常闭触点是指继电器线圈不通电时该触点是闭合的，常闭触点又称动断触点。

图 B-2 所示为按照图 B-1 的原理图绘制的展开图📝。由于展开图是按照相序和继电器的动作顺序依次排列的，所以读图时更容易理解其原理。在展开图的右侧有文字说明框，对理解工作过程有一定帮助。图 B-2 展开图的工作过程与图 B-1 相同，这里不再赘述。

📝 图 B-2b 中将电流互感器 TAa 和 TAc 及其与之连接的电流继电器 KA1、KA2 分两行分别画出，而电流继电器的触点则画在图 B-2c 的直流操作回路中。由此可见，电流互感器的一次回路画在图 B-2a 的一次电路中，二次回路画在图 B-2b 的属于二次电路的交流电路中；电流继电器 KA1、KA2 的线圈和触点也分别画在交流电流回路和直流操作回路中。这种画法与图 B-1 所示的原理接线图不同，是区分原理接线图与展开接线图的重要标志。

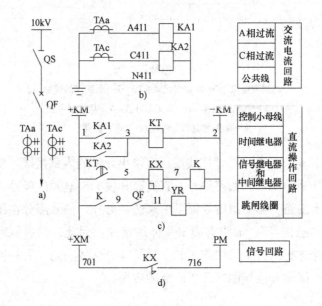

图 B-2　展开接线图

a）一次示意图　b）交流电回路图

c）直流操作回路图　d）信号回路图

二次展开图中通常有回路标号，而且这些编号是遵循相关规范或规程标注的。根据等电位的原则，将所有连接于一点的导线都用同一个数码表示。在交流电流回路中，常用标号有 A411 ~ A419，B411 ~ B419，C411 ~ C419，N411 ~ N419，L411 ~ L419 等，如图 B-2b 所示。在交流电压回路中，常用标号有 A601 ~ A609，B601 ~ B609，C601 ~ C609，N601 ~ N609，L601 ~ L609 等。在直流操作回路中，通常将控制小母线的正极 +KM 标记为 1，将控制小母线的

负极 – KM 标记为 2，如图 B-2c 所示，其他电路连接点的编号，可从电源正极开始，以奇数顺序编号，直到最后一个有压降的元件为止。如果最后一个有压降的元件后面不是直接连接在负极 – KM上，而是通过连接片或继电器触点接在负极上，则下一步应从负极开始，以偶数顺序编号至上述已有编号的接点为止。

在工程实践中，有时并不对展开图中的所有节点进行编号，而只对引至端子排上的回路加以编号。对于同一屏柜上互相连接的设备，在盘后（屏背面）接线图中有相应的标志方法，详见后述。

B.3　安装接线图

安装接线图是成套配电装置安装制作现场必不可少的图样，也是运行、检修等工作的主要参考图样。安装接线图包括屏面布置图、端子排图和盘后接线图等几个组成部分。

屏面布置图是决定屏上各个设备的排列位置及相互间距离尺寸的图样。盘后接线图是在屏上配线所必须的图样，其中应标明屏上各个设备在屏背面的接线端子之间的连接情况，以及屏上设备与端子排的连接情况。端子排图是表示屏上需要装设的端子数目、类型、排列次序，以及它与屏上设备、屏外设备连接情况的图样。有时也将端子排图包含在盘后接线图内。

1. 屏面布置图

屏面布置图是表示屏上各个设备的排列位置及相互间距离尺寸的，其功能很直白，为了节约篇幅，此处不再有附图示例。

2. 端子排图

成套装置往往使用多种类型的接线端子组成端子排，常用的接线端子类型有：

1）一般端子，用于接通两侧的导线。

2）试验端子，用于需要接入试验仪表的电流回路中，这种端子可以很方便地将标准仪表串联在回路中，用于校准回路中正在运行的仪表，校准时不影响原有仪表的运行，且能保证电流互感器二次在全部操作过程中不开路。

3）连接端子，上下或左右相邻可以互相连接的端子。

4）特殊端子，用于需要很方便地断开的回路中；另外还有终端端子、隔板等。

端子排的设计，应使运行、检修、调试方便，并适当照顾设备与端子排位置相对应，即当设备位于屏的上部时，其端子排最好也排在上部。

端子排的排列从上至下，首先排列交流电流回路、交流电压回路，之后排列控制回路，接着排列其他回路。在图 B-3 右侧示出的端子排图中，1~4 号端子编号旁边画有一条竖线，表示这 4 位端子是试验端子。3~4 和 6~7 号端子编号左边的符号表示这些端子是连接端子。端子排图右侧是电缆线或导线的去向指示。

3. 盘后接线图

盘后接线图也称屏背面接线图。盘后接线图是以展开图、屏面布置图和端子排图为原始资料绘制的。在盘后接线图上，设备的排列是与平面布置图相对应的。由于看图者相当于站在盘（屏）后，所以左右方向正好与屏面布置图相反。图 B-3 是按照图 B-4 所示的

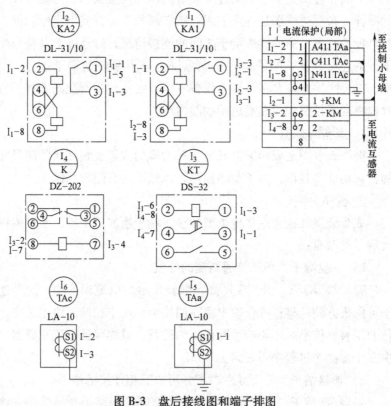

图 B-3　盘后接线图和端子排图

展开图绘制的盘后接线图和端子排图。盘后接线图在每个设备图形的上方应加以标号，标号的内容有：安装单位编号及设备顺序号，如图 B-3 中的 I_1、I_2、I_3、I_4，其中的"I"是罗马数字，相当于阿拉伯数字的 1，指出这是第一个安装单位；"I"右下角的数字是设备在该安装单位中的顺序号；标号内容还应有该设备的文字符号和型号。对于安装在盘（屏）正面的设备，从盘后看不见轮廓者，其边框应用虚线表示。

这时即可根据展开图对各设备之间的连接线及屏上设备至端子排间的连接线进行标号。为了简单起见，目前广泛采用"相对标号法"✍，下面用"相对标号法"对所要连接的端子加以标志。

端子排图中 1 号端子旁标注"I_1-2"，是将 1 号端子接至第一安装单位的 1 号设备（即"I_1"所指）的 2 号端子（即"-2"所指）；我们在第一安装单位的 1 号设备（电流继电器 KA1，型号 DL-31/10）的 2 号端子旁标注"I-1"，将 1 号设备的 2 号端子连接至第一安装单位端子排（端子排图左上角标注的"I"表示该端子排属于第一安装单位）的 1 号端子上。至此，图 B-4 中 A411 号线即已连通。用与此类似的方法将端子排与屏内设备各端子一一对应标注好。接着标志屏内设备之间的连线。例如设备 I_1（型号为 DL-31/10 的电流继电器 KA1）的 3 号端子旁标注有"I_2-3 和 I_3-1"，表示该端子有两条连线，一条连至 I_2 的 3 号端子，另一条连至 I_3 的 1 号端子；而在 I_2 的 3 号端子和 I_3 的 1 号端子旁均标注有"I_1-3"，表示这两个端子都与 I_1 的 3 号端子连接。如此继续标注，直至将所有需要连接的端子标注完毕。

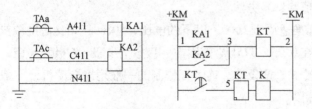

图 B-4　电流保护展开接线图

也可如图 B-3 那样，将元件 I_5 和 I_6 的 S2 端子直接用导线连接起来，这适用于两只元件安装位置较近，导线直接连接看起来更简洁、更明了的情况。

📝所谓 "相对标号法"，就是将需要连接的甲乙两个端子，在甲端子旁标注乙端子的号，在乙端子旁标注甲端子的号。

如果某个端子旁边没有标号，说明该端子是空着的。

每个端子上最多只能连接两根导线。

有了盘后接线图就能很方便地将一个设计完成的原理图，安装成一台可以操作运行的电器产品📋。对于专业的、熟练的接线工人，他们甚至可以不用研究、读懂电气原理图，依赖盘后接线图就能完成电气控制装置的装配任务。因此，盘后接线图是电气设计人员将设计成果转化成实际产品，由熟练接线工完成产品装配所必需的重要技术载体。

附录 C 电动机的效率与技术参数

电动机是我国电力系统的主要负载，据统计数据，我国发电量的 70% 被发电机消耗掉。因此，电动机运行过程中的电源效率和功率因数是一个非常重要的问题📋，关系到国家的节能减排、建设绿水青山的重大决策。本附录介绍国家标准 GB18613—2012《中小型三相异步电动机能效限定值及能效等级》中关于能效等级的规定，以及常用电动机的技术参数，以利于正确选择和使用三相异步电动机。

C.1 国家标准 GB18613—2012 的相关条款

以下对该标准的介绍文字，凡是在双引号内的文字，均为标准原文。

国家标准 GB18613—2012 "规定了中小型三相异步电动机（以下简称：电动机）的能效等级、能效限定值、目标能效限定值、节能评价值和试验方法"。

"标准适用于 1000V 以下的电压，50Hz 三相交流电源供电，额定功率在 0.75~375kW 范围内，极数为 2 极、4 极和 6 极，单速封闭自扇冷式、N 设计、连续工作制的一般用途电动机或一般用途防爆电动机"。

以上标准中所述的"电动机能效限定值"，其定义为，"在标准规定测试条件下，允许电动机效率最低的标准值"。"电动机目标能效限定值"，其定义为，"在本标准实施一定年限后，允许电动机效率最低的标准值"。"电动机节能评价值"，其定义为，"在标准规定测试条件下，满足节能认证要求的电动机效率应达到的最低标准值"。

"电动机能效等级分为 3 级，其中 1 级能效最高。各等级电动机在额定输出功率下的实测效率应不低于表 1 的规定"。

国家标准 GB18613—2012 的前言中明确规定，"本标准的 4.3 为强制性的，其余为推荐性的"。

从下一行开始，至表 1 结束，是标准 4.3 条款的全部内容。

4.3　电动机能效限定值

电动机能效限定值在额定输出功率的效率应不低于表 1 中 3 级的规定。

表 1　电动机能效等级

额定功率/kW	效率（%）								
	1 级			2 级			3 级		
	2 极	4 极	6 极	2 极	4 极	6 极	2 极	4 极	6 极
0.75	84.9	85.6	83.1	80.7	82.5	78.9	77.4	79.5	75.9
1.1	86.7	87.4	84.1	82.7	84.1	81.0	79.6	81.4	78.1
1.5	87.5	88.1	86.2	84.2	85.3	82.5	81.3	82.8	79.0
2.2	89.1	89.7	87.1	85.9	86.7	84.3	83.2	84.3	81.8
3	89.7	90.3	88.7	87.1	87.7	85.6	84.6	85.5	83.3
4	90.3	90.9	89.7	88.1	88.6	86.8	85.8	86.6	84.6
5.5	91.5	92.1	89.5	89.2	89.6	88.0	87.0	87.7	86.0
7.5	92.1	92.6	90.2	90.1	90.4	89.1	88.1	88.7	87.2
11	93.0	93.6	91.5	91.2	91.4	90.3	89.4	89.8	88.7
15	93.4	94.0	92.5	91.9	92.1	91.2	90.3	90.6	89.7
18.5	93.8	94.3	93.1	92.4	92.6	91.7	90.9	91.2	90.4
22	94.4	94.7	93.9	92.7	93.0	92.2	91.3	91.6	90.9
30	94.5	95.0	94.3	93.3	93.6	92.9	92.0	92.3	91.7
37	94.8	95.3	94.6	93.7	93.9	93.3	92.5	92.7	92.2
45	95.1	95.6	94.9	94.0	94.2	93.7	92.9	93.1	92.7
55	95.4	95.8	95.3	94.3	94.6	94.1	93.2	93.5	93.1
75	95.6	96.0	95.4	94.7	95.0	94.6	93.8	94.0	93.7
90	95.8	96.2	95.6	95.0	95.2	94.9	94.1	94.2	94.0
110	95.8	96.2	95.6	95.2	95.4	95.1	94.3	94.5	94.3
132	96.0	96.5	95.8	95.4	95.6	95.4	94.6	94.7	94.6
160	96.2	96.5	96.0	95.6	95.8	95.6	94.8	94.9	94.8
200	96.3	96.6	96.1	95.8	96.0	95.8	95.0	95.1	95.0
250	96.4	96.7	96.1	95.8	96.0	95.8	95.0	95.1	95.0
315	96.5	96.8	96.1	95.8	96.0	95.8	95.0	95.1	95.0
355 ~ 375	96.6	96.8	96.1	95.8	96.0	95.8	95.0	95.1	95.0

表 1 是国家标准 GB18613—2012 的摘录，所以表格编号与之后的表 C-1 至表 C-7 在体例上有所不同。

国家标准 GB18613—2012 的 4.4 条款规定：

电动机目标能效限定值

电动机目标能效限定值在额定输出功率的效率应不低于表 1 中 2 级的规定。

在表 1 中 7.5 ~ 375kW 的目标能效限定值在本标准实施之日（本标准自 2012 年 9 月 1 日开始实施）4 年后开始实施；7.5kW 以下的目标能效限定值在本标准实施之日 5 年后开始实施，并替代表 1 中 3 级的规定。

国家标准 GB18613—2012 的 4.5 条款规定：

电动机节能评价值

电动机节能评价

C.2 电动机的技术参数

电动机的型号系列较多，这里给出常用的型号有代表性的的电动机的技术参数，每个类别介绍一种📝，包括一种 Y 系列 380V 笼型异步电动机技术参数，一种 YR（IP44）系列 380V 绕线型异步电动机技术参数，Y 系列 6kV 笼型异步电动机技术参数，YR（YRKS）系列 10kV 绕线型异步电动机主要技术参数，TK、TDK 系列同步电动机主要技术参数，YVF 系列变频调速三相异步电动机技术参数。另外介绍一种号称超超高效率的三相异步电动机，型号为 YKE4。该型号电动机能效限定值不低于 GB18613—2012 标准中规定的 1 级能效指标。

C.2.1 Y 系列 380V 笼型异步电动机

Y 系列 380V 笼型异步电动机技术参数见表 C-1。

表 C-1 中型号含义示例：

型号 Y80M1－2 中，"Y"—异步电动机；"80"—机座号（中心高）；"M"—机座长度代号；"1"—铁心长度代号；"2"—电动机极数。

表 C-1　Y 系列 380V 笼型异步电动机主要技术参数

型号	额定功率 /kW	满载时				堵转转矩 额定转矩	堵转电流 额定电流	最大转矩 额定转矩
		电流 /A	转速 /(r/min)	效率 (%)	功率因数 cosφ			
Y80M1－2	0.75	1.8	2830	75.0	0.84	2.2	6.5	2.3
Y80M2－2	1.1	2.5	2830	77.0	0.86	2.2	7.0	2.3
Y90S－2	1.5	3.4	2840	78.0	0.85	2.2	7.0	2.3
Y90L－2	2.2	4.7	2840	80.5	0.86	2.2	7.0	2.3
Y100L－2	3	6.4	2870	82.0	0.87	2.2	7.0	2.3
Y112M－2	4	8.2	2890	85.5	0.87	2.2	7.0	2.3
Y132S1－2	5.5	11	2900	85.5	0.88	2.0	7.0	2.3
Y132S2－2	7.5	15	2900	86.2	0.88	2.0	7.0	2.3
Y160M1－2	11	22	2930	87.2	0.88	2.0	7.0	2.3
Y160M2－2	15	29	2930	88.2	0.88	2.0	7.0	2.3
Y160L－2	18.5	36	2930	89.0	0.89	2.0	7.0	2.2
Y180M－2	22	42	2940	89.0	0.89	2.0	7.0	2.2
Y200L1－2	30	57	2940	90.0	0.89	2.0	7.0	2.2
Y220L2－2	37	70	2950	90.5	0.89	2.0	7.0	2.2

（续）

| 型号 | 额定功率 /kW | 满载时 | | | | | 堵转转矩 额定转矩 | 堵转电流 额定电流 | 最大转矩 额定转矩 |
		电流 /A	转速 /(r/min)	效率 (%)	功率因数 cosφ				
Y225M-2	45	84	2970	91.5	0.89	2.0	7.0	2.2
Y250M-2	55	103	2970	91.5	0.89	2.0	7.0	2.2
Y280S-2	75	140	2970	92.0	0.89	2.0	7.0	2.2
Y280M-2	90	167	2970	92.5	0.89	2.0	7.0	2.2
Y315S-2	110	200	2980	92.5	0.89	1.8	6.8	2.2
Y315M-2	132	237	2980	93.0	0.89	1.8	6.8	2.2
Y315L1-2	160	286	2980	93.5	0.89	1.8	6.8	2.2
Y315L2-2	200	356	2980	93.5	0.89	1.8	6.8	2.2
Y80M1-4	0.55	1.5	1390	73.0	0.76	2.4	6.0	2.3
Y80M2-4	0.75	2.0	1390	73.0	0.76	2.4	6.0	2.3
Y90S-4	1.1	2.8	1400	78.0	0.78	2.3	6.5	2.3
Y90L-4	1.5	3.7	1400	79.0	0.79	2.3	6.5	2.3
Y100L1-4	2.2	5.0	1400	81.0	0.82	2.2	7.0	2.3
Y100L2-4	3	6.8	1430	82.5	0.81	2.2	7.0	2.3
Y112M-4	4	8.8	1400	84.5	0.82	2.2	7.0	2.3
Y132S-4	5.5	12	1400	85.5	0.84	2.2	7.0	2.3
Y132M-4	7.5	15	1400	87.0	0.85	2.2	7.0	2.3
Y160M-4	11	23	1460	88.0	0.84	2.2	7.0	2.3
Y160L-4	15	30	1460	88.5	0.85	2.2	7.0	2.3
Y180M-4	18.5	36	1470	91.0	0.86	2.0	7.0	2.2
Y180L-4	22	43	1470	91.5	0.86	2.0	7.0	2.2
Y200L-4	30	57	1470	92.2	0.87	2.0	7.0	2.2
Y225S-4	37	70	1480	91.8	0.87	1.9	7.0	2.2
Y225M-4	45	84	1480	92.3	0.88	1.9	7.0	2.2
Y250M-4	55	103	1480	92.6	0.88	1.9	7.0	2.2
Y280S-4	75	140	1480	92.7	0.89	1.9	7.0	2.2
Y280M-4	90	164	1480	93.5	0.89	1.9	7.0	2.2
Y315S-4	110	201	1480	93.5	0.89	1.8	6.8	2.2
Y315M-4	132	241	1490	94.0	0.89	1.8	6.8	2.2
Y315L1-4	160	291	1490	94.5	0.89	1.8	6.8	2.2
Y315L2-4	200	354	1490	94.5	0.89	1.8	6.8	2.2

C.2.2　YR（IP44）系列380V绕线转子异步电动机

YR（IP44）系列380V绕线型异步电动机技术参数见表C-2。

表C-2中介绍的电动机防护等级为IP44。

表C-2中型号含义示例说明：

在型号YR355M1-4中：其中"Y"—异步电动机；"R"—

该系列电动机属于绕线转子型，用于要求起动转矩较大的负载，额定电压380V。防护等级为IP44，对于固体异物和液体物质均有较好的防护能力。

绕线转子型；"355"—机座中心高；"M1"—机座号；"4"—电动机极数

表 C-2　YR（IP44）系列380V绕线型异步电动机技术参数

型号	额定功率/kW	额定电压/V	满　载　时				最大转矩额定转矩	转子	
			转速/(r/min)	定子电流/A	效率(%)	功率因数cosφ		电流/A	电压/V
YR355M1-4	200	380	1480	357	92.8	0.87	2.8	322	378
YR355M2-4	220	380	1480	392	93.0	0.87	2.8	364	368
YR355L1-4	250	380	1480	447	93.2	0.87	2.8	415	365
YR355L2-4	280	380	1480	492	93.4	0.87	2.8	443	378
YR355M1-6	160	380	980	292	93.0	0.86	2.8	356	276
YR355M2-6	200	380	980	361	93.2	0.86	2.8	463	263
YR355L1-6	220	380	980	397	93.3	0.86	2.8	517	258
YR355L2-6	250	380	980	450	93.5	0.86	2.8	587	258
YR355M1-8	132	380	740	257	92.4	0.81	2.4	327	249
YR355M2-8	160	380	740	312	92.5	0.81	2.4	392	251
YR355L1-8	185	380	740	358	92.7	0.81	2.4	453	251
YR355L2-8	200	380	740	392	92.9	0.81	2.4	490	250
YR355M1-10	90	380	585	185	91.0	0.77	2.0	261	330
YR355M2-10	110	380	585	223	91.3	0.78	2.0	283	327
YR355L2-10	132	380	585	266	91.5	0.78	2.0	307	320

C.2.3　Y系列6kV三相笼型异步电动机

Y系列6kV三相笼型异步电动机技术参数见表C-3。

电动机的防护等级为IP23，采用连续工作制定额（S1），电动机的额定频率为50Hz。

型号含义说明：

Y3551-2："Y"表示笼型转子异步电动机；"3551"表示机座中心高355mm，1号铁心长；"2"表示极数。

所谓定额，是指制造厂对符合规定条件的电机在其铭牌上所标定的全部电量和机械量的额定数值及其持续时间和顺序。

工作制可分为连续、短时、周期性或非周期性几种类型，分别用 S1～S10 表示，下面以常见的S1、S2和S3工作制来举例说明。

连续工作制（S1）表示电动机按铭牌值工作时可以长期连续运行。

短时工作制（S2）表示电动机按铭牌值工作时只能在规定的时间内短时运行。我国规定的短时运行时间为10min、30min、60min及90min等4种。对于S2工作制，应在代号S2后加工作时限，例如S2-60min。

断续周期工作制（S3）表示电动机按

表 C-3 Y 系列 6kV 三相笼型异步电动机技术参数

型 号	额定功率/kW	额定电流/A	转速/(r/min)	效率(%)	功率因数 cosφ	起动电流 额定电流	起动转矩 额定转矩	最大转矩 额定转矩	重量/kg
Y3551－2	220	26.7		92.8					1780
Y3552－2	250	30.1		92.9					1790
Y3553－2	280	33.7		93.1					1800
Y3554－2	315	37.7		93.4	0.86				1895
Y3555－2	355	42.4	2975	93.7					1955
Y3556－2	400	47.6		94.1					2065
Y4001－2	450	53.3		94.4		7.0	0.6	1.8	2300
Y4002－2	500	58.5		94.6					2400
Y4003－2	560	65.4		94.7					2500
Y4004－2	630	73.4	2980	94.9	0.87				2600
Y4501－2	710	82.7		95.0					3550
Y4502－2	800	92.9	2975	95.2					3680
Y4503－2	900	104.5		95.3					3850
Y4504－2	1000	114.6	2975	95.4					4100
Y5001－2	1120	128.2		95.5					4250
Y5002－2	1250	143.0		95.6					4400
Y5003－2	1400	159.9		95.7	0.88				4600
Y5004－2	1600	182.6		95.8					4800
Y5601－2	1800	205.2	2980	95.9		7.0	0.6		6250
Y5602－2	2000	227.8		96.0					6550
Y5603－2	2240	254.9		96.1					6950
Y6301－2	2500	281.0		96.2					7600
Y6302－2	2800	314.4		96.3	0.88				7900
Y6303－2	3150	353.7		96.3				1.8	8300
Y3551－4	220	26.3		93.3	0.88				1710
Y3552－4	250	29.6		93.4					1760
Y3553－4	280	33.0	1480	93.5					1800
Y3554－4	315	37.1		93.7					1860
Y4003－4	355	41.5		93.8	0.87	6.5	0.8		2280
Y4004－4	400	46.4		94.0					2350
Y4005－4	450	52.1		94.2					2420
Y4006－4	500	57.6	1485	94.3					2510
Y4007－4	560	64.5		94.5					2600
Y4505－4	630	72.2		94.8	0.87				3092
Y4506－4	710	81.6		95.0					3180

（续）

型 号	额定功率/kW	额定电流/A	转速/(r/min)	效率(%)	功率因数cosφ	起动电流/额定电流	起动转矩/额定转矩	最大转矩/额定转矩	重量/kg
Y4507 – 4	800	91.6		95.1					3300
Y4509 – 4	900	102.6	1485	95.2	0.87		0.8		3520
Y5006 – 4	1000	113.7		95.3					4010
Y5007 – 4	1120	126.7		95.4					4160
Y5009 – 4	1250	139.9	1490	95.5	0.88		0.7		4470
Y50010 – 4	1400	157.2		95.6		6.5			4620
Y5601 – 4	1600	180.8		95.7					6400
Y5602 – 4	1800	203.2		95.8					6700
Y5603 – 4	2000	225.5	1485	95.9	0.89				7000
Y6301 – 4	2240	252.3		96.0			0.6		7600
Y6302 – 4	2500	281.3		96.1				1.8	7900
Y6303 – 4	2800	314.7		96.2					8300
Y3555 – 6	220	27.3		93.0	0.82				1870
Y3556 – 6	250	30.8		93.3					1930
Y4004 – 6	280	33.8	985	93.5					2310
Y4005 – 6	315	37.8		93.7	0.83				2380
Y4006 – 6	355	42.5		93.9		6.0	0.8		2460
Y4007 – 6	400	47.7		94.0					2550
Y4505 – 6	450	52.8		94.3	0.84				3050
Y4506 – 6	500	58.7	990	94.5	0.85				3140
Y4507 – 6	560	65.7		94.7					3240
Y4509 – 6	630	73.3		94.8		6.0	0.8		3470
Y5006 – 6	710	81.6		95.0					3910
Y5007 – 6	800	91.2		95.1	0.85				4050
Y5009 – 6	900	102.3		95.2					4330
Y50010 – 6	1000	113.6	990	95.3					4480
Y5601 – 6	1120	131.4		95.4		6.5			6300
Y5602 – 6	1250	146.5		95.5			0.7		6600
Y5603 – 6	1400	163.9		95.6					7000
Y6301 – 6	1600	187.1		95.7	0.86			1.8	7600
Y6302 – 6	1800	210.2		95.8					7900
Y6303 – 6	2000	233.3		95.9					8300
Y4005 – 8	200	26.3		92.8	0.78	5.5			2360
Y4006 – 8	220	28.7	740	92.9			0.8		2440
Y4007 – 8	250	32.2		93.0	0.79				2520

（续）

型　号	额定功率/kW	额定电流/A	转速/(r/min)	效率(%)	功率因数cosφ	起动电流额定电流	起动转矩额定转矩	最大转矩额定转矩	重量/kg
Y4008 - 8	280	35.8		93.2	0.79	6.5			2620
Y4506 - 8	315	39.8		93.4					3120
Y4507 - 8	355	44.5		93.5	0.80				3230
Y4508 - 8	400	50.0		93.7					3350
Y4509 - 8	450	56.3		93.8			0.8		3460
Y5005 - 8	500	61.7		94.3	0.81	5.5			3790
Y5007 - 8	560	68.1		94.4					4030
Y5008 - 8	630	76.5		94.5	0.83				4180
Y50010 - 8	710	86.1	740	94.6					4460
Y5601 - 8	800	96.8		94.7					6300
Y5602 - 8	900	108.8		94.8					6500
Y5603 - 8	1000	120.7		94.9					6900
Y6301 - 8	1120	135.1		95.0	0.84	6.0	0.7		7500
Y6302 - 8	1250	150.6		95.1					7800
Y6303 - 8	1400	168.5		95.2				1.8	8200
Y6304 - 8	1600	192.3		95.3					8500
Y4504 - 10	200	26.2		91.9	0.77				2870
Y4505 - 10	220	28.6		92.1					2940
Y4506 - 10	250	32.3		92.3	0.78				3030
Y4507 - 10	280	35.9		92.5					3120
Y4508 - 10	315	40.3		92.6	0.79				3230
Y4509 - 10	355	45.5		92.8		5.5	0.8		3310
Y5005 - 10	400	49.4		93.3					3720
Y5006 - 10	450	55.5	590	93.4					3830
Y5007 - 10	500	61.5		93.6	0.80				3960
Y5008 - 10	560	69.0		93.7					4090
Y50010 - 10	630	77.0		93.8					4320
Y5601 - 10	710	88.6		94.0					6300
Y5602 - 10	800	99.7		94.2	0.82	6.0	0.7		6500
Y5603 - 10	900	112.0		94.3					6800
Y6301 - 10	1000	124.3		94.4					7400
Y6302 - 10	1120	138.9	590	94.6	0.82	6.0	0.7	1.8	7700
Y6303 - 10	1250	154.7		94.8					8100
Y6304 - 10	1400	173.1		94.9					8500

（续）

型　号	额定功率/kW	额定电流/A	转速/(r/min)	效率(%)	功率因数cosφ	起动电流额定电流	起动转矩额定转矩	最大转矩额定转矩	重量/kg
Y4507－12	200	28.4		91.2	0.72				3090
Y4508－12	220	30.7		91.4					3190
Y4509－12	250	34.2	495	91.7	0.73				3280
Y5006－12	280	38.4		92.7	0.74				3760
Y5007－12	315	42.4		92.8		5.5	0.8		3900
Y5008－12	355	47.1		93.0					4040
Y5009－12	400	52.8		93.3	0.75				4180
Y50010－12	450	59.3		93.4				1.8	4320
Y5601－12	500	65.0		93.7					6000
Y5602－12	560	72.7		93.8					6200
Y5603－12	630	81.7		93.9					6400
Y6301－12	710	92.0		94.0	0.79	6.0	0.7		7400
Y6302－12	800	103.4		94.2					7700
Y6303－12	900	116.3		94.3					8100
Y6304－12	1000	129.0		94.4					8500

C.2.4　YR（YRKS）系列10kV三相绕线转子异步电动机

　　YR（YRKS）系列10kV三相绕线转子异步电动机主要技术参数见表C-4。

　　表C-4中的"型号"一栏列出的的是"YR系列"三相绕线转子异步电动机，与其每一种规格相对应的还有一款"YRKS系列"三相电动机，后者是空－水冷却绕线转子异步电动机。两个系列的电动机除了"重量"以外，相应规格的技术参数完全相同。

　　型号含义示例说明：

　　在型号"YR 4501－4"中，"YR"表示绕线转子异步电动机；"4501"表示机座中心高450mm，1号铁心长；"4"表示极数。

　　在型号"YRKS 4501－4"中，"YR"表示绕线转子异步电动机；"KS"表示空－水冷却；"4501"表示机座中心高450mm，1号铁心长；"4"表示极数。

📝 YR 系列和 YRKS 系列 10kV 高压绕线转子电动机的技术参数完全相同，只是后者属于空－水冷却高压绕线转子型电动机，由于两者的冷却方式不同，所以产品的重量有差异。

　　电机定子绕组装有六个分度号为 Pt100 的埋置式电阻测温元件，每个轴瓦装有一个分度号为 Pt100 的电阻测温元件，用于温度测量与监控之用。

表 C-4　YR（YRKS）系列 10kV 三相绕线转子异步电动机技术参数

型号	额定功率/kW	额定电流/A	同步转速/(r/min)	效率(%)	功率因数cosφ	转子电压/V	转子电流/A	最大转矩额定转矩	重量/kg
YR4501－4	315	23.4		92.5	0.84	519	379		3450
YR4502－4	355	26.3		92.8	0.84	567	390		3510
YR4503－4	400	29.2	1500	93.1	0.85	518	485	1.8	3570
YR4504－4	450	32.8		93.3	0.85	567	497		3660
YR4505－4	500	36.3		93.6	0.85	625	500		3730
YR4506－4	560	40.6		93.8	0.85	696	500		3830
YR5001－4	630	45.4		94.2	0.85	566	691		4700
YR5002－4	710	51.0		94.6	0.85	610	722		4850
YR5003－4	800	56.7	1500	94.7	0.86	663	749	1.8	5000
YR5004－4	900	63.7		94.8	0.86	725	770		5230
YR5005－4	1000	70.7		94.9	0.86	790	770		5380
YR5601－4	1120	78.2		95.1	0.87	1264	501		6540
YR5602－4	1250	87.1	1500	95.2	0.87	1532	496	1.8	6800
YR5603－4	1400	97.5		95.3	0.87	1480	576		7030
YR6301－4	1600	110		95.4	0.88	1693	1693		8850
YR6302－4	1800	124	1500	95.5	0.88	1826	1826	1.8	9090
YR6303－4	2000	137		95.6	0.88	1983	1983		9470
YR4503－6	280	21.6		92.2	0.81	493	358		3670
YR4504－6	315	24.3		92.4	0.81	535	371		3750
YR4505－6	355	27.3	1000	92.6	0.81	584	383	1.8	3850
YR4506－6	400	30.7		92.8	0.81	643	391		3970
YR5001－6	450	34.5		93.1	0.81	588	481		4570
YR5002－6	500	38.2		93.4	0.81	645	486		4650
YR5003－6	560	42.6	1000	93.6	0.81	719	486	1.8	4730
YR5004－6	630	47.3		93.8	0.82	809	484		4930
YR5005－6	710	53.2		94.0	0.82	1132	385		5120
YR5601－6	800	58.3		94.3	0.84	1245	394		6500
YR5602－6	900	65.5		94.5	0.84	1385	398		6660
YR5603－6	1000	71.7	1000	94.7	0.85	1130	549	1.8	6850
YR5604－6	1120	80.2		94.9	0.85	1245	557		7150
YR6301－6	1250	89.3		95.1	0.85	1383	558		8330
YR6302－6	1400	99.8	1000	95.3	0.85	1557	553	1.8	8550
YR6303－6	1600	114		95.4	0.85	1730	560		8920

（续）

型号	额定功率 /kW	额定电流 /A	同步转速 /(r/min)	效率 (%)	功率因数 cosφ	转子电压 /V	转子电流 /A	最大转矩 额定转矩	重量 /kg
YR5001 - 8	280	23.4		92.2	0.75	457	385		3850
YR5002 - 8	315	26.3		92.3	0.75	492	403		4030
YR5003 - 8	355	29.5	750	92.5	0.75	533	418	1.8	4180
YR5004 - 8	400	33.2		92.8	0.75	581	432		4320
YR5005 - 8	450	36.2		93.1	0.77	640	441		4410
YR5006 - 8	500	40.2	750	93.3	0.77	711	439	1.8	4390
YR5601 - 8	560	43.7		93.6	0.79	914	381		6060
YR5602 - 8	630	49.1	750	93.8	0.79	985	398	1.8	6170
YR5603 - 8	710	55.2		94.0	0.79	1068	415		6300
YR5604 - 8	800	62.1		94.2	0.79	1062	465		6470
YR6301 - 8	900	67.1		94.4	0.82	1160	479		7970
YR6302 - 8	1000	74.4	750	94.6	0.82	1278	483	1.8	8210
YR6303 - 8	1120	83.2		94.8	0.82	1421	485		8500
YR5003 - 10	250	21.9		91.4	0.72	511	307		4500
YR5004 - 10	280	24.5	600	91.7	0.72	550	320	1.8	4630
YR5005 - 10	315	27.4		92.1	0.72	597	331		4770
YR5006 - 10	355	30.9		92.2	0.72	653	342		4980
YR5601 - 10	400	33.8		92.4	0.74	717	350		6010
YR5602 - 10	450	37.3		92.8	0.75	797	353		6140
YR5603 - 10	500	41.4	600	93.0	0.75	922	341	1.8	6320
YR5604 - 10	560	45.6		93.2	0.76	1007	349		6510
YR5605 - 10	630	51.2		93.4	0.76	1108	357		6840
YR6301 - 10	710	56.1		93.7	0.78	1159	385		7850
YR6302 - 10	800	63.1	600	93.8	0.78	1275	393	1.8	8100
YR6303 - 10	900	70.9		93.9	0.78	1419	396		8390
YR6304 - 10	1000	78.7		94.1	0.78	1598	389		8760
YR5601 - 12	280	24.6		91.4	0.72	648	274		5930
YR5602 - 12	315	27.6		91.5	0.72	713	280		6000
YR5603 - 12	355	31.1	500	91.6	0.72	786	283	1.8	6080
YR5604 - 12	400	34.9		91.8	0.72	841	299		6170
YR5605 - 12	450	39.1		92.2	0.72	906	312		6300
YR6301 - 12	500	42.8		92.4	0.73	938	333		7880
YR6302 - 12	560	47.1	500	92.8	0.74	1023	341	1.8	8080
YR6303 - 12	630	52.8		93.1	0.74	1127	348		8340
YR6304 - 12	710	59.3		93.4	0.74	1255	352		8730

C.2.5 TK、TDK 系列同步电动机

TK、TDK 系列同步电动机主要技术参数见表 C-5。

型号含义示例说明：

在型号"TK（TDK）220－10/990"中，"TK（TDK）"是同步电动机系列号；"220"是电动机的功率千瓦数值；"10"是电动机极数；"990"是电动机定子铁心外径，单位为 mm。

表 C-5　TK、TDK 系列同步电动机主要技术参数

型号	额定值 功率/kW	额定值 电压/V	额定值 电流/A	功率因数超前	效率(%)	堵转电流/额定电流	堵转转矩/额定转矩	牵入转矩/额定转矩	失步转矩/额定转矩	转动惯量/(kg·m²)	重量/t
TK220－10/990	220	3000	51.2	0.9	91.0	6.5	0.9	0.8	1.8	60	2.19
TK220－10/990	220	6000	25.6	0.9	91.0	6.5	0.9	0.8	1.8	60	2.19
TK250－10/990	250	380	456.3	0.9	91.0	6.5	0.9	0.7	1.8	55	2.21
TK250－10/990	250	6000	29.1	0.9	91.0	7.0	0.9	0.7	1.8	55	2.27
TK250－10/990A	250	10000	17.5	0.9	90.5	7.0	0.9	0.7	1.8	55	2.75
TK250－10/990C	250	10000	17.5	0.9	90.5	7.0	0.9	0.7	1.8	55	3.55
TK280－10/990	280	380	519.5	0.9	91.0	6.5	0.9	0.7	1.8	55	2.21
TK280－10/990	280	6000	32.5	0.9	91.0	6.5	0.9	0.7	1.8	55	2.26
TK315－10/1180	315	6000	37	0.9	91.0	6.0	1.0	0.5	1.8	85	2.67
TK355－10/1180	355	10000	25	0.9	91.0	6.5	0.9	0.7	1.8	100	3.03
TDK118/30－10	450	6000	52	0.9	92.0	6.0	1.0	0.5	1.8	125	3.00
TDK118/30－10	450	6000	52	0.9	92.0	6.0	1.0	0.5	1.8	125	4.00
T500－10/1180	500	6000	56.7	0.9	92.0	6.0	1.0	0.6	1.8	125	5.39
T600－10/1180	600	4160	88.1	1.0	92.5	6.0	1.0	0.7	1.8	125	4.82
T630－10/1180	630	6000	71.5	0.9	93.0	6.0	1.0	0.6	1.8	125	5.39
T800－10/1180	800	6000	90.1	0.9	93.0	6.0	1.0	0.6	1.8	125	6.20
TK220－12/1180	220	6000	26.0	0.9	90.5	6.0	1.0	0.5	1.8	87.5	2.55
TK250－12/1180	250	380	464	0.9	91.0	6.0	1.0	0.5	1.8	87.5	2.68
TK250－12/1180A	250	380	464	0.9	91.0	6.0	1.0	0.5	1.8	87.5	4.00
TK250－12/1180	250	380	464	0.9	91.0	6.0	1.0	0.5	1.8	87.5	4.00
TK250－12/1180	250	3000	58.4	0.9	90.5	6.5	1.0	0.6	1.8	87.5	4.44
TK250－12/1180C	250	6000	29.5	0.9	90.5	6.0	1.0	0.5	1.8	87.5	2.55

（续）

型　号	额　定　值			功率因数超前	效率/(%)	堵转电流/额定电流	堵转转矩/额定转矩	牵入转矩/额定转矩	失步转矩/额定转矩	转动惯量/(kg·m²)	重量/t
	功率/kW	电压/V	电流/A								
TK250 – 12/1180	250	6000	29.2	0.9	90.5	6.5	1.0	0.6	1.8	87.5	4.44
TK250 – 12/1180A	250	6000	29.2	0.9	90.5	6.5	1.0	0.6	1.8	87.5	4.41
TK250 – 12/1180	250	10000	17.7	0.9	90.5	6.5	1.0	0.5	1.8	112.5	2.86
TK260 – 12/1180	260	6000	30.0	0.9	90.5	6.0	1.0	0.6	1.8	112.5	2.86
TK280 – 12/1180	280	380	513.8	0.9	92.0	6.0	0.8	0.5	1.8	87.5	2.62
TK280 – 12/ 1180A	280	380	517	0.9	91.5	6.0	1.0	0.6	1.8	87.5	4.00
TK280 – 12/ 1180C	280	6000	32.7	0.9	90.5	6.0	1.0	0.5	1.8	112.5	2.86
TK280 – 12/1180	280	10000	19.7	0.9	91.0	6.5	1.0	0.5	1.8	112.5	2.88
TK300 – 12/1180	300	380	554	0.9	91.5	6.0	1.0	0.6	1.8	87.5	4.00
TK300 – 12/1180	300	3000	69.7	0.9	91.0	6.5	0.6	0.6	1.8	87.5	4.45
TK300 – 12/1180	300	6000	34.9	0.9	91.0	6.5	0.6	0.6	1.8	87.5	4.45
TK320 – 12/1180	320	380	574.7	0.9	91.0	6.0	1.0	0.5	1.8	87.5	2.69
TK320 – 12/1180B	320	380	590	0.9	91.5	6.0	1.0	0.6	1.8	87.5	4.00
TK320 – 12/1180	320	380	590	0.9	91.5	6.0	1.0	0.6	1.8	87.5	4.00
TK320 – 12/1180	320	6000	37.2	0.9	91.0	6.5	1.0	0.5	1.8	112.5	2.89
TK350 – 12/1180	350	380	629.4	0.9	91.0	6.0	1.0	0.5	1.8	87.5	2.69
TK350 – 12/1180	350	3300	74.8	0.9	91.0	6.0	1.0	0.5	1.8	112.5	2.88
TK350 – 12/1180	350	3000	81.4	0.9	91.0	6.0	1.0	0.5	1.8	125	3.10
TK400 – 12/1180A	400	6000	46.7	0.9	91.5	6.0	1.0	0.5	1.8	125	3.10
TK400 – 12/1180	400	6000	46.7	0.9	91.5	6.0	1.0	0.5	1.8	125	4.50
TK250 – 14/1180	250	380	462	0.9	91.0	6.0	1.0	0.5	1.8	125	2.72
TK250 – 14/1180D	250	380	462	0.9	91.0	6.0	1.0	0.5	1.8	87.5	4.03
TDK118/20 – 14	250	380	462	0.9	91.0	6.0	1.0	0.5	1.8	125	4.00
TK250 – 14/1180	250	415	420	0.9	91.0	6.0	1.0	0.5	1.8	125	2.77
TK250 – 14/1180	250	420	415	0.9	91.0	6.0	1.0	0.5	1.8	125	2.77
TK1 – 250 – 14/1180	250	3000	59	0.9	90.5	6.0	0.9	0.8	1.8	125	3.00
TK1 – 250 – 14/1180	250	6000	29.5	0.9	90.5	6.0	0.9	0.8	1.8	125	3.00
TK250 – 14/1180	250	6000	29.5	0.9	90.5	6.0	1.0	0.6	1.8	125	2.98
TK260 – 14/1180	260	380	480	0.9	91.0	6.0	1.0	0.5	1.8	125	2.72
TK260 – 14/1180	260	6000	30.4	0.9	91.0	6.0	1.0	0.5	1.8	125	2.98
TK280 – 14/1180	280	380	519.5	0.9	91.0	6.0	1.0	0.5	1.8	100	4.24
TK320 – 14/1180	320	6000	37.0	0.9	91.0	6.0	1.0	0.6	1.8	125	4.83
TDK118/30 – 14	350	3000	81.4	0.9	91.0	6.0	1.0	0.5	1.8	125	3.20
TDK118/30 – 14	350	6000	40.7	0.9	91.0	6.0	1.0	0.5	1.8	125	3.20

（续）

型　号	额　定　值			功率因数超前	效率(%)	堵转电流/额定电流	堵转转矩/额定转矩	牵入转矩/额定转矩	失步转矩/额定转矩	转动惯量/(kg·m²)	重量/t
	功率/kW	电压/V	电流/A								
TK350-14/1180	350	6000	41	0.9	91.0	6.0	1.0	0.5	1.8	125	4.82
TK250-16/1180	250	220	792	0.9	91.0	6.0	1.0	0.5	1.8	125	2.81
TK250-16/1180	250	380	459	0.9	91.0	6.0	0.7	0.5	1.8	125	2.81
TK250-16/1180	250	440	396	0.9	91.0	6.0	0.7	0.6	1.8	125	2.81
TK250-16/1180	250	3000	59	0.9	90.0	6.0	0.7	0.7	1.8	125	3.15
TK250-16/1180	250	3300	54	0.9	90.0	6.0	0.7	0.7	1.8	100	2.82
TK260-16/1180	260	380	487.7	0.9	90.0	6.0	0.7	0.5	1.8	100	2.62
T1000-10/1430	1000	6000	113.1	0.9	94.0	6.0	0.6	0.8	1.8	352.5	8.30
TK250-12/1430B	250	10000	17.8	0.9	90.0	6.5	0.9	0.6	1.8	125	5.69
TK250-12/1430A	250	10000	17.7	0.9	90.0	7.5	1.0	0.6	1.8	125	5.79
TK280-12/1430	280	10000	20	0.9	90.0	6.5	0.9	0.6	1.8	125	5.69
TK320-12/1430A	320	10000	22.7	0.9	90.5	6.5	0.9	0.7	1.8	250	3.62
TK320-12/1430	320	10000	22.3	0.9	91.0	6.5	0.9	0.7	1.8	225	6.18
TK350-12/1430	350	10000	24.8	0.9	90.5	6.5	0.9	0.7	1.8	250	3.63
TK400-12/1430	400	10000	28.0	0.9	91.5	6.0	1.0	0.7	1.8	200	3.71
TK450-12/1430	450	6000	51.7	0.9	91.5	6.0	0.9	0.7	1.8	200	3.88
TK450-12/1430	450	10000	31.4	0.9	92.0	6.5	0.9	0.7	1.8	250	3.86
TK500-12/1430	500	10000	34.9	0.9	92.0	6.5	0.9	0.7	1.8	250	4.16
TK550-12/1430	550	6000	63.2	0.9	92.5	6.0	0.9	0.7	1.8	225	4.12
TK550-12/1430V	550	6000	63.6	0.9	92.5	6.0	0.9	0.7	1.8	250	4.11
TK550-12/1430	550	6600	57.8	0.9	92.5	6.0	0.9	0.7	1.8	250	4.15
TK550-12/1430	550	6000	63.9	0.9	92.0	6.5	0.9	0.8	1.8	250	4.16
TK550-12/1430	550	10000	37.7	0.9	92.5	6.5	0.9	0.7	1.8	250	4.52
TK630-12/1430	630	6000	72.4	0.9	92.5	6.0	1.0	0.5	1.8	262.5	4.40
TK630-12/1430	630	10000	43	0.9	92.5	6.0	1.0	0.6	1.8	262.5	4.57
TK250-14/1430	250	10000	17.6	0.9	90.5	7.0	0.9	0.8	1.8	200	3.74
TK250-14/1430A	250	10000	17.6	0.9	90.5	7.0	0.9	0.8	1.8	200	5.90
TK280-14/1430	280	10000	19.6	0.9	90.5	7.0	0.8	0.6	1.8	200	3.76
TK320-14/1430	320	10000	22.6	0.9	91.0	6.5	1.0	0.7	1.8	250	6.25
TK350-14/1430	350	10000	24.7	0.9	91.0	6.5	0.9	0.7	1.8	250	4.13
TK400-14/1430	400	6000	47	0.9	91.0	6.0	0.9	0.7	1.8	250	3.99
TK400-14/1430	400	10000	28.2	0.9	91.0	6.5	1.0	0.7	1.8	250	4.01
TK450-14/1430V	450	10000	31.4	0.9	92.0	6.5	0.9	0.7	1.8	325	4.79
TK500-14/1430	500	3300	105.7	0.9	92.0	6.0	0.9	0.8	1.8	325	4.62

（续）

型　号	额　定　值			功率因数超前	效率/（%）	堵转电流/额定电流	堵转转矩/额定转矩	牵入转矩/额定转矩	失步转矩/额定转矩	转动惯量/（kg·m²)	重量/t
	功率/kW	电压/V	电流/A								
TK500 – 14/1430	500	6000	56.6	0.9	92.0	6.0	0.8	0.7	1.8	250	4.72
TK500 – 14/1430V	500	6000	58.1	0.9	92.0	6.0	0.9	0.8	1.8	325	4.63
TK500 – 14/1430V	500	10000	34.9	0.9	92.0	6.5	0.9	0.8	1.8	325	4.67
TK550 – 14/1430	550	6000	62.6	0.9	92.0	6.0	0.8	0.7	1.8	250	4.59
TK550 – 14/1430	550	10000	37.6	0.9	92.0	6.5	0.8	0.7	1.8	250	4.92
TK550 – 14/1430A	550	6000	62.6	0.9	92.0	6.0	0.8	0.7	1.8	250	6.83
TK550 – 14/1430C	550	10000	38.4	0.9	92.0	6.5	0.9	0.8	1.8	325	6.89
TK600 – 14/1430	600	6000	69.0	0.9	93.0	6.0	0.9	0.8	1.8	325	5.04
TK600 – 14/1430	600	10000	41.8	0.9	92.0	6.5	0.9	0.8	1.8	325	5.14
TK630 – 14/1430	630	6000	72.4	0.9	93.0	6.0	0.8	0.8	1.8	250	4.86
TK630 – 14/1430	630	10000	43.9	0.9	92.0	6.5	0.9	0.8	1.8	325	5.14
TK1250 – 14/2150A	1250	6000	141.5	0.9	94.0	6.0	1.0	0.8	1.8	750	15.10
TK350 – 16/1430	350	3300	74.8	0.9	91.0	6.0	0.9	0.5	1.8	265	3.89
TK450 – 16/1430A	450	10000	31.7	0.9	92.0	6.5	0.9	0.8	1.8	250	4.88
TK450 – 16/1430	450	10000	31.0	0.9	91.5	6.5	0.9	0.8	1.8	260	7.14
TK600 – 16/1430	600	6000	67.6	0.9	93.0	6.0	0.8	0.7	1.8	300	5.34
TK630 – 14/1730	630	10000	43.9	0.9	92.0	6.5	0.9	0.8	1.8	600	5.62
TK500 – 16/1730	500	3300	105.7	0.9	92.0	6.0	0.7	0.8	1.8	525	5.52
TK500 – 16/1730	500	6000	58.1	0.9	92.0	6.0	0.7	0.8	1.8	525	5.48
TK500 – 16/1730	500	10000	34.9	0.9	92.0	6.0	0.7	0.8	1.8	525	5.60
TK550 – 16/1730	550	6000	62.9	0.9	92.0	6.5	0.7	0.8	1.8	525	5.35
TK550 – 16/1730A	550	6000	63.9	0.9	92.0	6.0	0.7	0.8	1.8	525	5.47
TK550 – 16/1730	550	10000	37.5	0.9	92.0	6.5	0.7	0.8	1.8	600	6.03
TK600 – 16/1730	600	6000	68.0	0.9	92.0	6.5	0.7	0.8	1.8	525	5.42
TK630 – 16/1730	630	10000	42.8	0.9	92.0	6.5	0.7	0.8	1.8	600	6.51
TK800 – 16/1730	800	6000	92.5	0.9	92.5	6.0	0.9	0.7	1.8	750	10.99
TK800 – 16/2150	800	10000	54.9	0.9	92.5	7.0	0.7	0.8	1.8	1450	14.51
TK1250 – 16/2150	1250	6000	141.5	0.9	94.5	6.0	1.1	0.9	1.8	750	14.60
TK350 – 18/1730	350	10000	24.7	0.9	91.0	6.5	0.9	0.7	1.8	500	5.99
TK420 – 18/1730	420	10000	29.5	0.9	91.5	6.5	0.9	0.7	1.8	450	8.53
TK800 – 18/1730	800	6000	90.5	0.9	92.5	6.5	0.7	0.8	1.8	875	7.95
TK450 – 20/1730	450	10000	31.4	0.9	92.0	6.5	0.9	0.7	1.8	600	6.07
TK630 – 20/1730	630	6000	72	0.9	92.0	6.5	0.7	0.8	1.8	875	7.05
TK630 – 20/1730A	630	6000	72	0.9	93.0	6.5	0.9	0.8	1.8	875	11.50

C.2.6　YVF 系列变频调速三相异步电动机

1. YVF 系列变频调速三相异步电动机简介

YVF 系列变频调速三相异步电动机由笼型变频调速电动机与尾部独立风机组成，适用于各种需要调速的传动装置。

电动机外壳防护等级为 IP44。

电动机冷却方法为 IC416。

电动机额定电压 380V、额定频率 50Hz；风机额定电压 380V、额定频率 50Hz，风机罩上附有独立接线盒，其电源由工频电网直接供给，不能由变频器供给。

电动机采用 F 极绝缘。

电动机定子绕组接线，功率在 55kW 及以下采用丫联结，功率在 55kW 以上采用△联结。

2. 额定使用条件

海拔不超过 1000m。

环境空气温度最高不超过 40℃，最低不低于 -15℃。

相对湿度不超过 90%。

YVF 系列变频调速三相异步电动机技术参数见表 C-6。

表 C-6　YVF 系列变频调速三相异步电动机技术参数

型　　号	标称功率/kW	额定转矩/N·m	恒转矩变频范围/Hz	恒功率调频范围/Hz
YVF801 - 4	0.55	3.50		
YVF802 - 4	0.75	4.70		
YVF90S - 4	1.10	7.00		
YVF90L - 4	1.50	9.50		
YVF100L1 - 4	2.20	14.0		
YVF100L2 - 4	3.00	19.0	5 ~ 50	50 ~ 100
YVF112M - 4	4.0	25.4		
YVF132S - 4	5.50	35.0		
YVF132M - 4	7.50	47.7		
YVF160M - 4	11.0	70.0		
YVF160L - 4	15.0	95.5		

变频调速三相异步电动机与普通三相异步电动机的结构不同。它由鼠笼式变频调速电动机与尾部独立风机组成；适用于各种需要调速的传动装置。

虽然普通三相异步电动机的端部也有散热风扇，但它与变频器配合运行时，变频器输出频率降低时，散热风扇的转速也会相应降低，影响散热效果。而变频电动机散热风扇有独立的接线盒，由工频电压直接供电，风扇转速不受变频器输出频率变化的影响，散热效果具有可靠保障。

（续）

型　　号	标称功率/kW	额定转矩/N·m	恒转矩变频范围/Hz	恒功率调频范围/Hz
YVF180M－4	22	140.9	5～50	
YVF200L－4	30	190.9		
YVF225S－4	37	235.5		
YVF225M－4	45	286.4		
YVF250M－4	55	350.1		50～100
YVF280S－4	75	477.7		
YVF280M－4	90	572.9		
YVF315S－4	110	700.2	3～50	
YVF315M－4	132	840.3		
YVF315L1－4	160	1018.5		
YVF315L2－4	200	1273.2		

C.2.7　YKE4 系列超超高效率三相异步电动机

　　YKE4 系列超超高效率三相异步电动机是生产企业专门设计制造的空压机用电动机，能效限定值不低于 GB18613－2012《中小型三相异步电动机能效定值及能效等级》标准中规定的 1 级能效指标，可以有效提高空压机类产品自身的用电效率☑。在电动机轴上输出 1.3 倍额定功率时，具有优良的电气性能。

　　YKE4 系列电动机的型号编制说明如下。

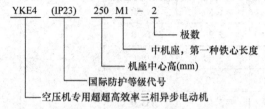

　　该型号系列电动机的主要技术参数见表 C-7。

表 C-7　YKE4 系列超超高效率三相异步电动机主要技术参数

极数	型号	功率/kW	电流/A	转速/(r/min)	效率(%)	功率因数cosφ	最大转矩/额定转矩	堵转电流/额定电流	重量/kg
2	YKE4 – 200L – 2	55	98.4		95.4				355
	YKE4 – 255M1 – 2	75	133.9	2972	95.6	0.89	2.5	7.2	447
	YKE4 – 225M2 – 2	90	160.4		95.8				460
	YKE4 – 250M – 2	110	193.4	2975	96.0	0.90	2.5	7.2	599
	YKE4 – 280M1 – 2	132	231.6		96.2				765
	YKE4 – 280M2 – 2	160	280.5		96.3				801
	YKE4 – 280M3 – 2	185	324.3		96.3				850
	YKE4 – 315M1 – 2	200	350.0	2975	96.5	0.90	2.5	7.0	982
	YKE4 – 315M2 – 2	250	437.4		96.5				1096
	YKE4 – 315L1 – 2	280	489.8		96.5				1237
	YKE4 – 315L2 – 2	315	550.5		96.5				1315
	YKE4 – 315L3 – 2	355	620.4		96.6				1407
4	YKE4 – 255M1 – 4	45			95.4	0.87			460
	YKE4 – 225M2 – 4	55			95.7				510
	YKE4 – 250M1 – 4	75	134.9		96.0		2.2	7.5	550
	YKE4 – 250M2 – 4	90	161.5		96.2				630
	YKE4 – 280M1 – 4	110	197.0		96.4				774
	YKE4 – 280M2 – 4	132	236.2	1488	96.5	0.88			880
	YKE4 – 315S – 4	160	286.3		96.5				998
	YKE4 – 315M1 – 4	185	330.7		96.6				1102
	YKE4 – 315M2 – 4	200	357.1		96.7		2.2	7.2	1190
	YKE4 – 315L1 – 4	220	392.8		96.7				1425
	YKE4 – 315L2 – 4	250	446.4		96.7				1438

参 考 文 献

[1] 张燕宾. 常用变频器功能手册［M］. 北京：机械工业出版社，2005.

[2] 张燕宾. 变频调速600问［M］. 北京：机械工业出版社，2012.

[3] 全国旋转电机标准化技术委员会. 旋转电机整体结构的防护等级（IP代码）　分级：GB/T 4942.1—2006［S］. 北京：中国标准出版社，2008.

[4] 森兰变频器制造有限公司. 森兰SB12系列变频调速器使用手册.［Z］.

[5] 普传科技有限公司. 普传变频调速器PI7800系列使用说明书.［Z］.

[6] 富士电机株式会社. 富士5000G11S/P11S系列变频器操作说明书.［Z］.

[7] 郭汀. 新旧电气简图用图形符号对照手册［M］. 北京：中国电力出版社，2004.

[8] 郭汀. 电气图形符号文字符号便查手册［M］. 北京：化学工业出版社，2010.

[9] 杨德印. 电动机的起动控制与变频调速［M］. 北京：机械工业出版社，2010.

[10] 杨德印. 电动机的控制与变频调速原理［M］. 北京：机械工业出版社，2012.

[11] 方大千. 变频器、软起动器及PLC实用技术问答［M］. 北京：人民邮电出版社，2008.

[12] 张选正. 变频器故障诊断与维修［M］. 北京：电子工业出版社，2008.

[13] 周志敏，等. 变频器工程应用·电磁兼容·故障诊断［M］. 北京：电子工业出版社，2005.